Angelika Rehm/Dieter Rehm

Sachrechnen mit Bildern und Geschichten

Kopiervorlagen
für die 1. und 2. Klasse

Auer Verlag GmbH

Die Autoren: Angelika Rehm – Grundschullehrerin, Autorin
Dieter Rehm – freier Autor; schreibt u.a. Geschichten und Theaterstücke für Kinder

Gedruckt auf umweltbewusst gefertigtem, chlorfrei gebleichtem und alterungsbeständigem Papier

1. Auflage. 2005

Illustrationen: Ari Plikat
Satz: Fotosatz H. Buck, Kumhausen
Druck und Bindung: Ludwig Auer GmbH, Donauwörth
ISBN 3-403-0**4371**-1

Inhalt

Erstes Schuljahr

Zweites Schuljahr

Abkürzungen

AB	Arbeitsblatt
T	Textaufgaben
ZR	Zahlenraum

Einführung

Aller Anfang ist gar nicht so schwer …

auch wenn der erste Anschein im Hinblick auf das Sachrechnen diese These nicht zu bestätigen scheint. In den Schulbüchern findet sich meistens sehr wenig Material zu diesem Themenkreis und die Lehrkräfte sehen gerade in der Anfangsphase (aufgrund mangelnder mathematischer Vorkenntnisse und der nicht vorhandenen Lesefertigkeit bei den Kindern) kaum Möglichkeiten, Sachaufgaben sinnvoll bearbeiten zu lassen. Dabei ist zunächst nur wichtig zu vermitteln, dass mathematische Zusammenhänge uns in den vielfältigsten Alltagssituationen begegnen. Die Umgebung, der Erfahrungs- und Erkenntnisraum der Kinder wird zum Ausgangspunkt, um arithmetische Beziehungen und Operationen zu verdeutlichen. Und das geht auch ohne Schriftform. So können Bilder und Rechengeschichten eine Reihe von Sprechanlässen bieten, die Zahlenbeziehungen erkennbar machen. Es geht also vorrangig erst einmal darum, dem zu diskutierenden Medium möglichst viele sachdienliche Informationen zu entnehmen. Die noch fehlenden Kenntnisse der mathematischen Symbolik können dabei hinsichtlich der Lösungen durch zeichnerische Ausdrucksformen ersetzt werden.

In diesem Zusammenhang seien Zweifel angemeldet, ob die weitgehend geübte schulische Praxis, dem Ergebnis einen höheren Stellenwert einzuräumen als dem Weg dorthin, noch zeitgemäß ist. Der Weg ist der Denkprozess, den es zu fördern und zu fordern gilt. Und um „Holzwege" zu vermeiden, haben wir versucht, den Kindern in kleinen, methodischen Schritten Lösungsstrategien begreiflich zu machen.

Um von allem Anfang an dem Erlernen und Festigen von Lösungsstrategien den entsprechenden Stellenwert beizumessen, haben wir dieses Buch umfangmäßig zum 1. Schuljahr hin gewichtet. Das Überschreiten der Zahlenräume, der Umgang mit neuen Rechenarten und auch Texterweiterungen sind bei vorhandenen Grundkenntnissen auch bei Sachaufgaben verhältnismäßig leicht zu transportieren. Durch umfangreiches Üben werden auch die „Hürden" vor Texten immer niedriger, sodass dem 2. Schuljahr an dieser Stelle weniger Platz zugestanden werden konnte.

Bewusst haben wir häufig die Zahlen als Zahlwörter geschrieben, um auch in dieser Hinsicht genaues, sinnentnehmendes Lesen einzufordern.

Bei der Abfassung und Auswahl der Aufgaben haben wir uns nicht unbedingt mit Verbissenheit an fächerübergreifenden Prinzipien (Sachunterricht) orientiert. Unser Ziel war es vielmehr, den Kindern abwechslungsreich und damit motivierend das Erkennen mathematischer Zusammenhänge und deren operationale Strukturierung aus Texten zu vermitteln. Dabei sollte es gelegentlich auch humor- und fantasievoll zugehen, damit der Spaß die (zugegeben schwierige) Arbeit in diesem Lernbereich erleichtert. Was gleichermaßen für die Kolleginnen und Kollegen gelten soll!

Die Autoren

Sieh dir das Gemüsebeet genau an. Was siehst du? Erzähle.
Findest du auf den Platten die passenden Aufgaben? Umfahre sie mit einer Farbe

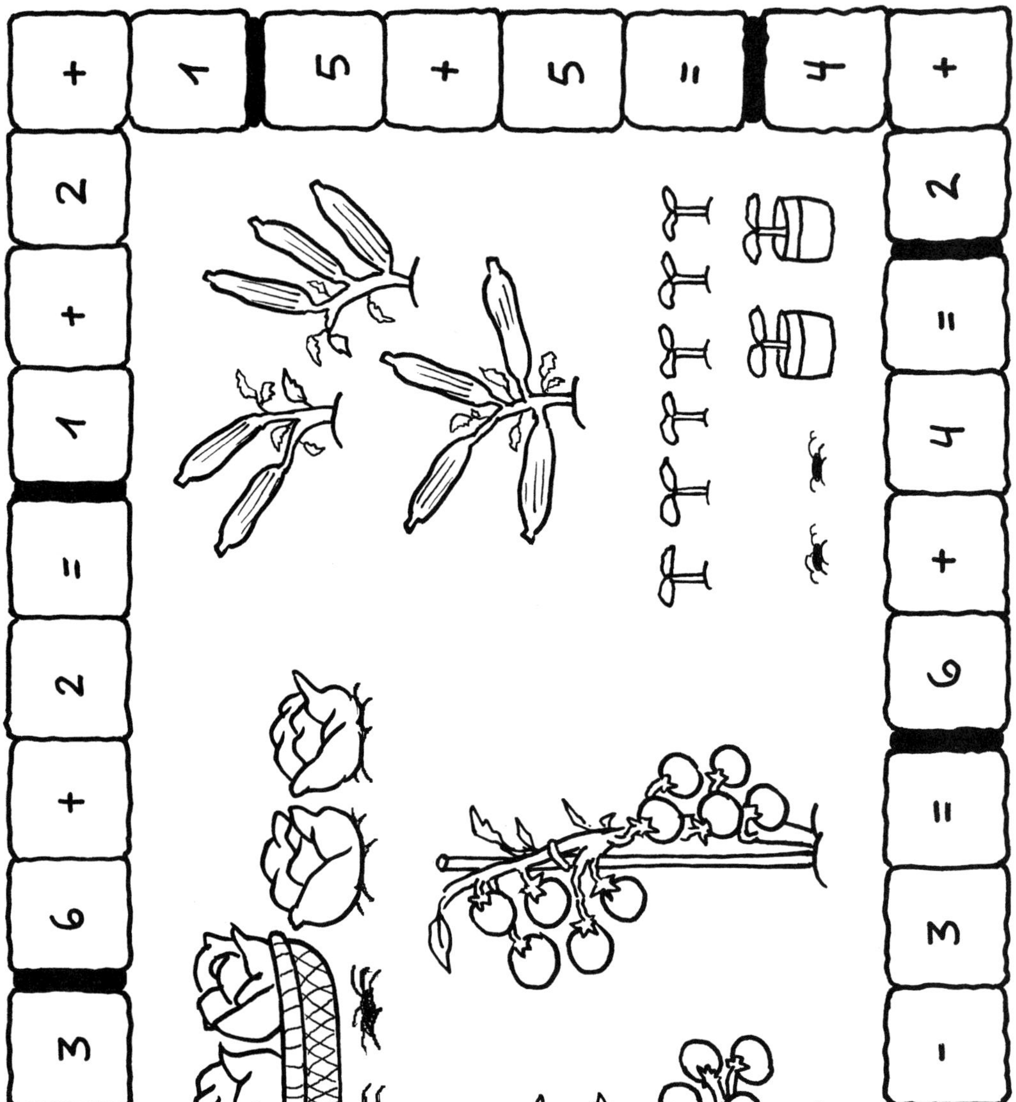

Lösungszahlen:

8	9	10	2	10

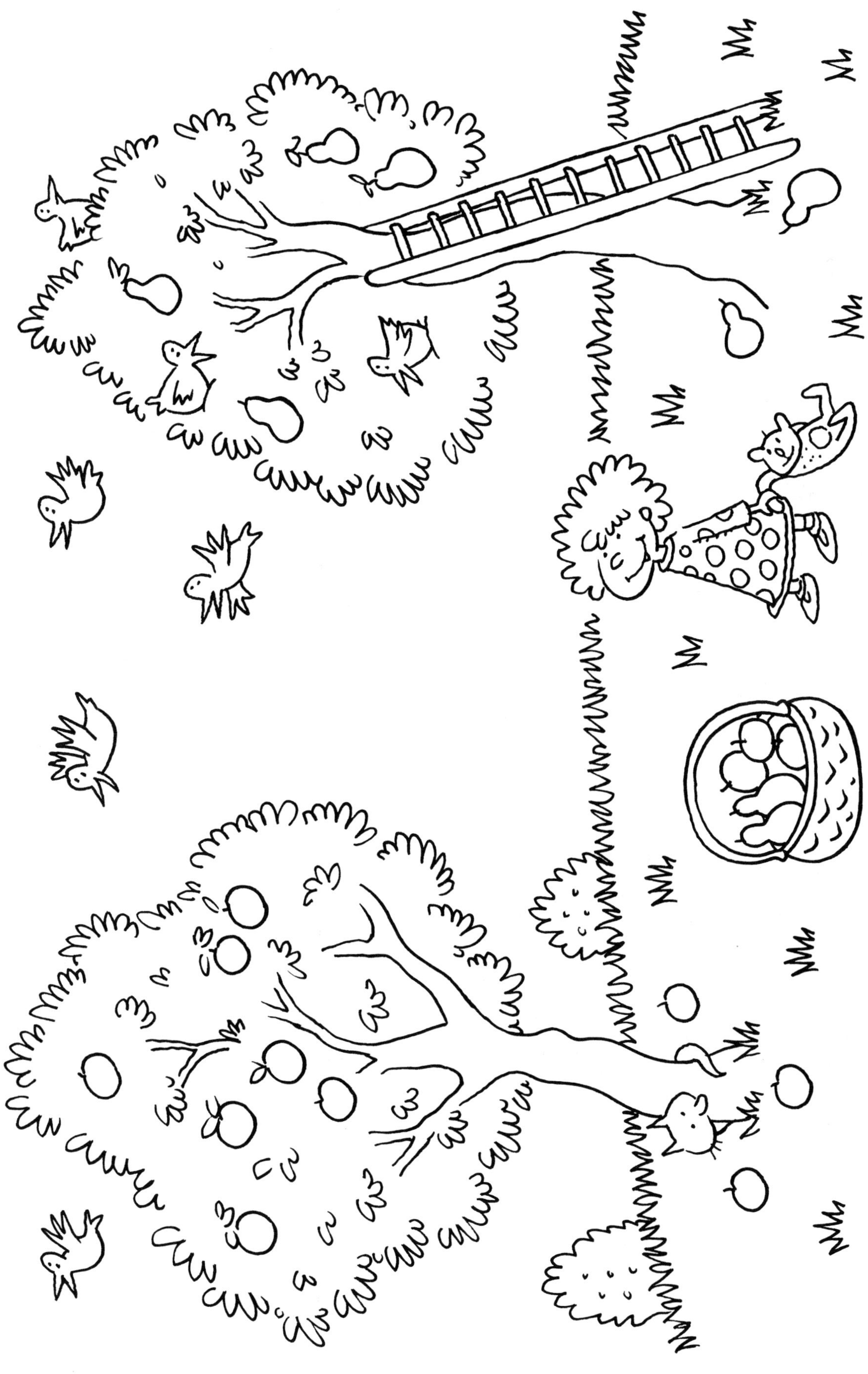

Fragen zu Äpfeln und Birnen/ zu Erzählbild AB 2

3

1. Wie viele Äpfel hängen am Baum? ☐
   Wie viele liegen am Boden? ☐
   Wie viele Äpfel sind es insgesamt? ☐
2. Wie viele Birnen hängen am Baum? ☐
   Wie viele liegen am Boden? ☐
   Wie viele Birnen sind es insgesamt? ☐
3. Wie viele Vögel sitzen auf dem Baum? ☐
   Wie viele Vögel fliegen weg? ☐
   Wie viele Vögel sind es insgesamt? ☐
4. Wie viele Äpfel sind schon geerntet worden? ☐
5. Wie viele Früchte kannst du insgesamt zählen? ☐

Male die richtigen Ergebnisse an.

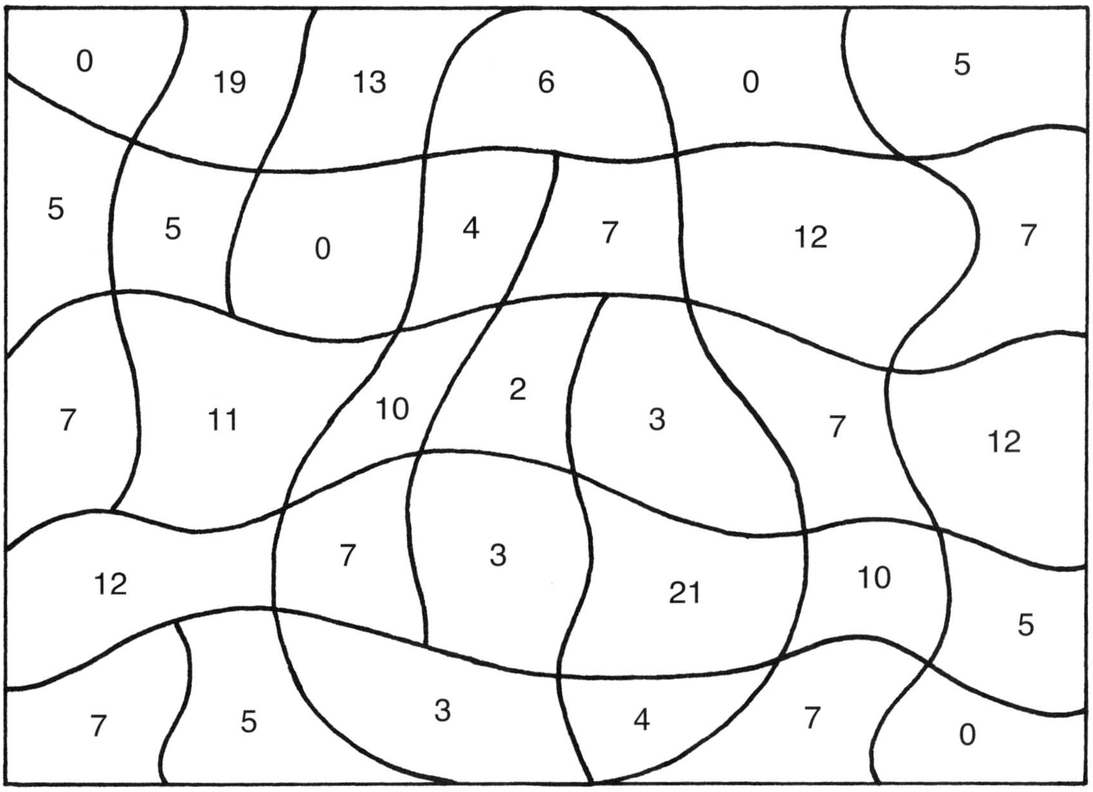

Auf dem Bauernhof/Erzählbild

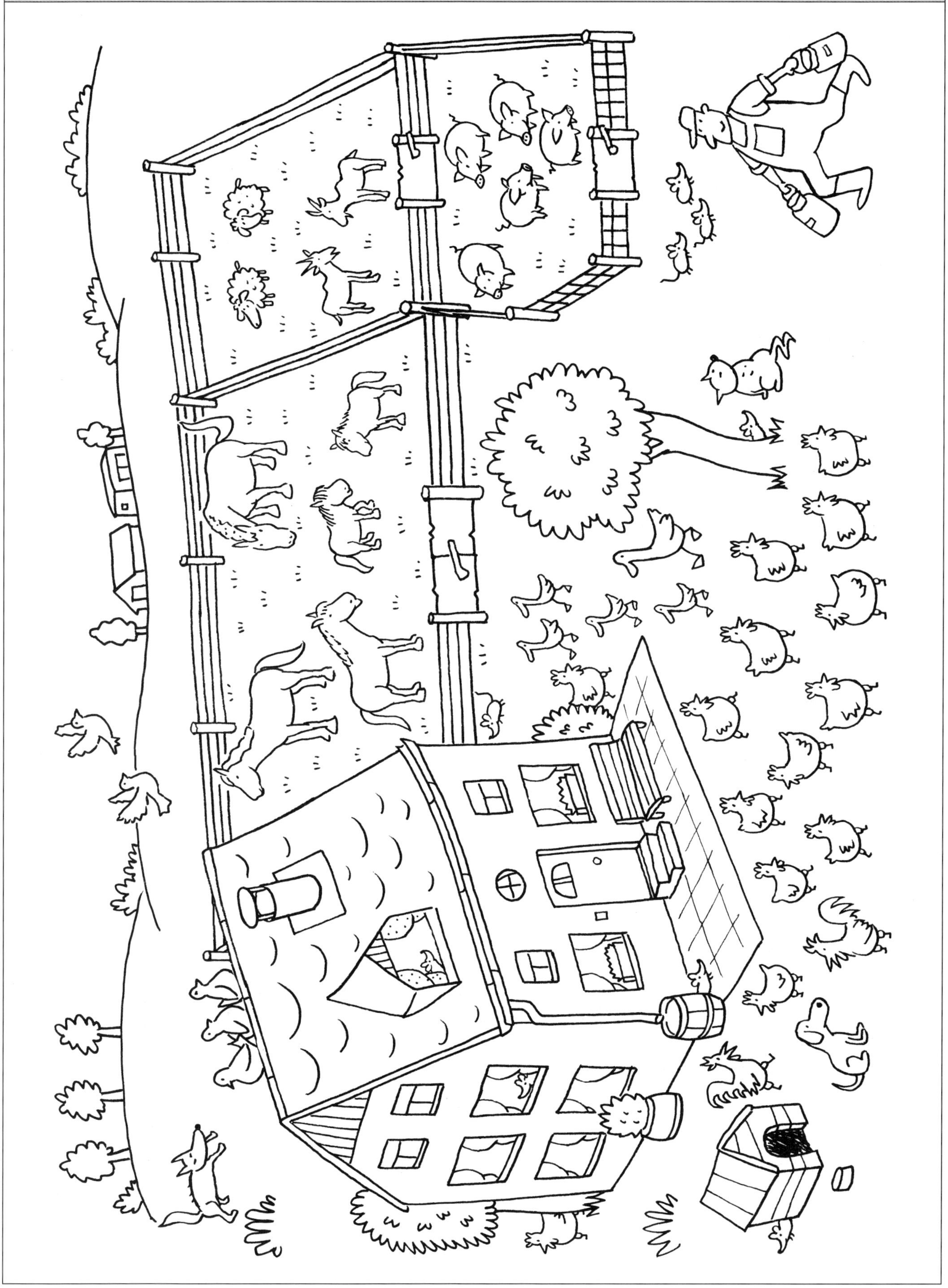

Wer kommt, wer geht?/ Rechengeschichten (ZR 10)

5

1. Was siehst du auf den Bildern? Erzähle dazu.
2. Kannst du daraus eine Rechenaufgabe machen? Male die Kästchen an:

1

2

3

4

5

6

Im Zirkus/Rechengeschichten (ZR 10)

6

1

2

3

4

3. Ein Clown jongliert mit 3 roten und 4 blauen Bällen. Zeichne die Bälle ins Bild. Dann rechne.

4. Ein Zauberer zaubert aus seinem Hut insgesamt ☐ Tauben. ☐ Tauben sitzen schon auf der Stange. ☐ Tauben fliegen noch dazu.

Lösungen:

10	6	4	7

Wie viele sind es?/Lückentexte (ZR 10)

7

Fritz hat ☐ Bonbons. Er isst 3 Bonbons.

Er hat noch ☐ Bonbons.

1

Heike backt Törtchen. Auf ein Blech passen 8 Stück.

Es passen noch ☐ Törtchen auf das Blech.

2

Lisa macht sich eine Kette aus Kastanien. Sie braucht dafür 10 Kastanien.

Lisa muss noch ☐ Kastanien auffädeln.

3

Auf den Parkplatz passen ☐ Autos. ☐ Parkplätze sind besetzt.

Es sind noch ☐ Parkplätze frei.

4

Mutter hat ☐ Eier. Für den Kuchen braucht sie 2 Eier.

Sie hat noch ☐ Eier.

5

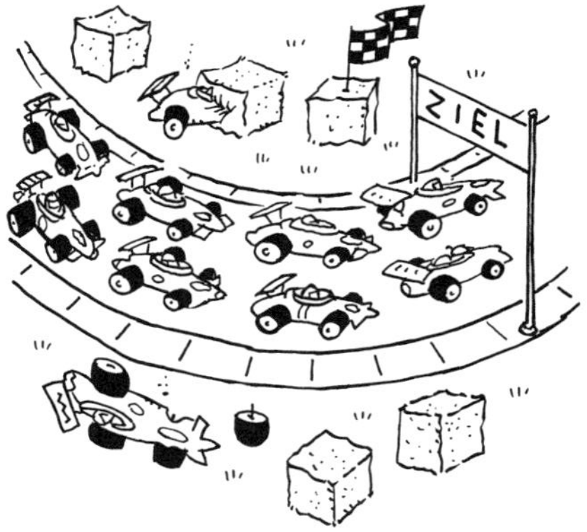

Bei einem Autorennen kommen von 10 Autos ☐ Autos ins Ziel.

Es ☐ Autos ausgefallen.

6

Lösungen:

2	8	3	5	3	8

Dartsscheibe – Wer hat gewonnen?

8

1

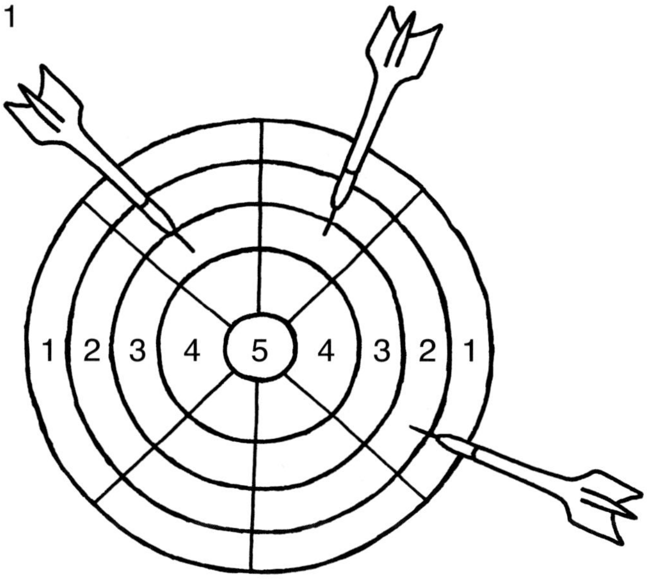

Rechnung: ☐ + ☐ + ☐ = ☐

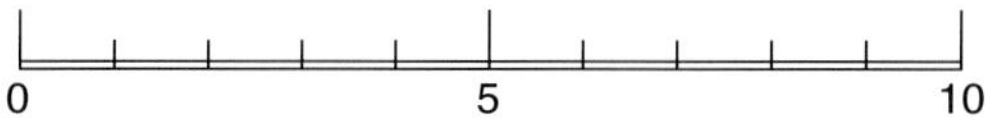

2

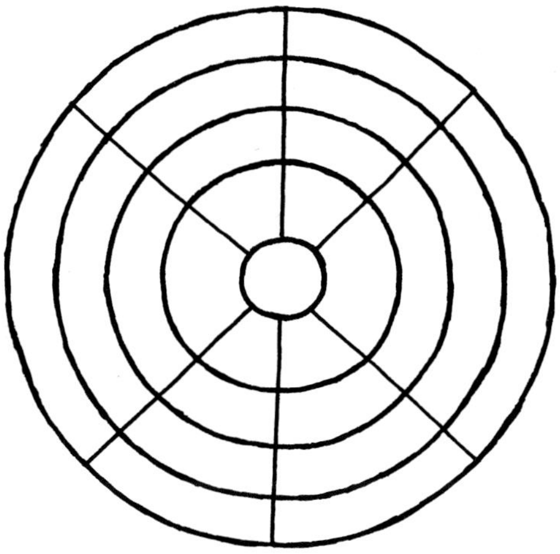

Rechnung: 5 + 1 + 2 = ☐

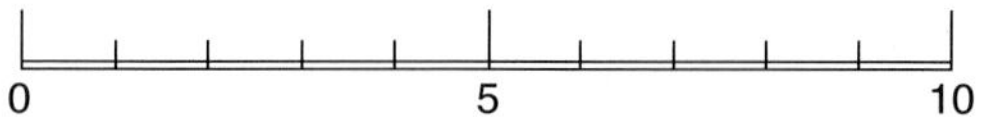

3

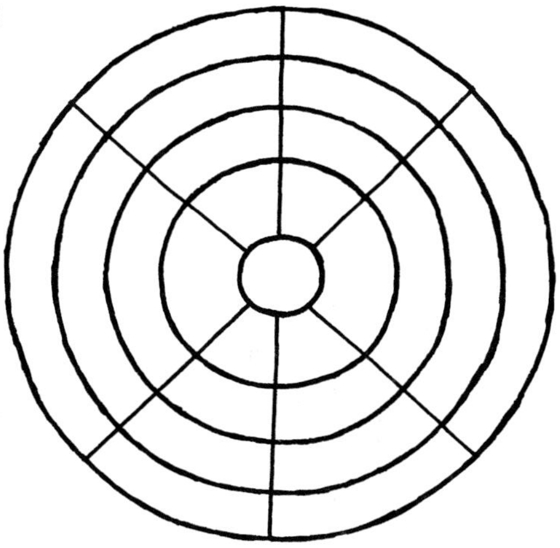

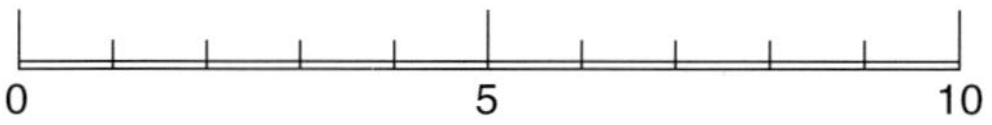

Sabine wirft auf die Scheibe. Sie trifft die 4, die 1 und zuletzt die 5.

Rechnung: ☐ + ☐ + ☐ = ☐

4

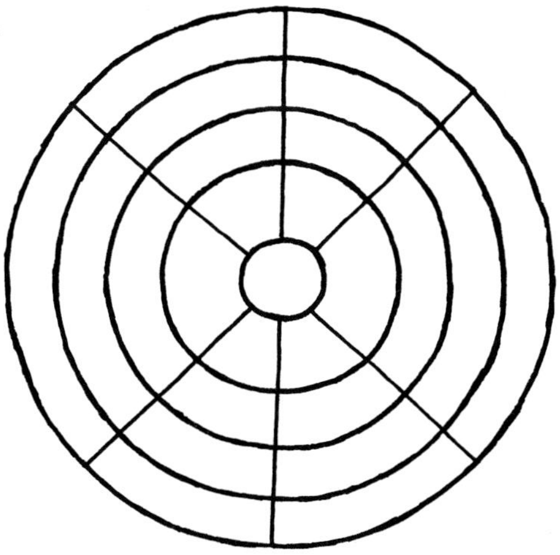

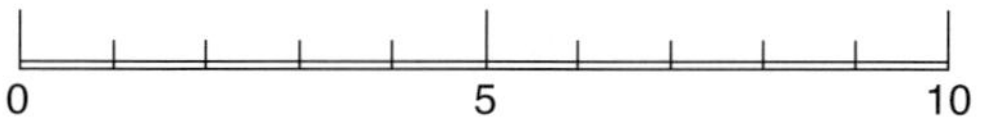

Erfinde eine eigene Aufgabe.

____

____

____

____

Rechnung: ☐ + ☐ + ☐ = ☐

Rechendomino (ZR 10)

Anfang 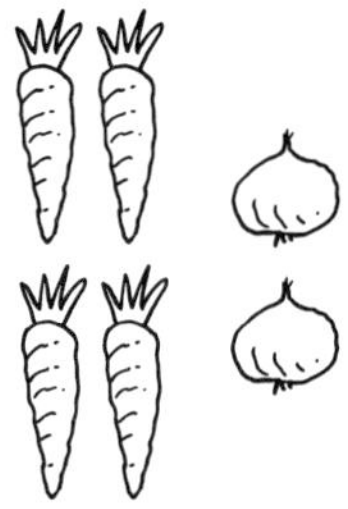	4 + 2 =
	3 + 6 =
	2 + 3 =
	10 − 2 =
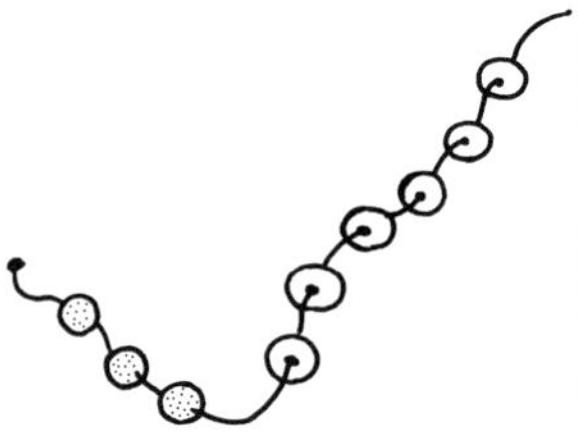	6 − 1 =
	8 + 2 =
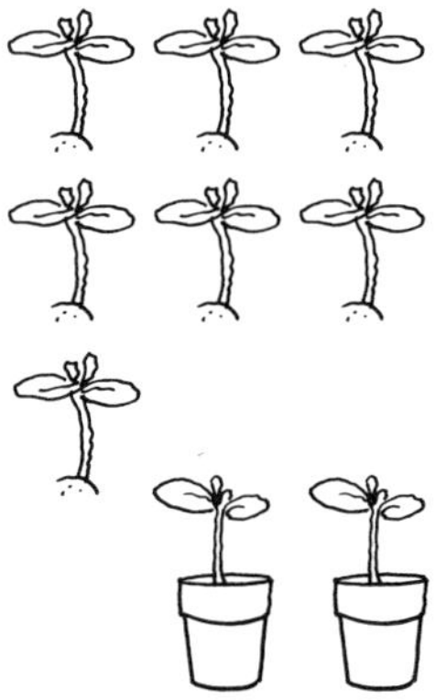	5 + 4 =
	7 − 4 =

Rechendomino (ZR 10)

10

	4 – 1 =		9 + 1 =
	4 – 2 =		6 + 2 =
	Ende	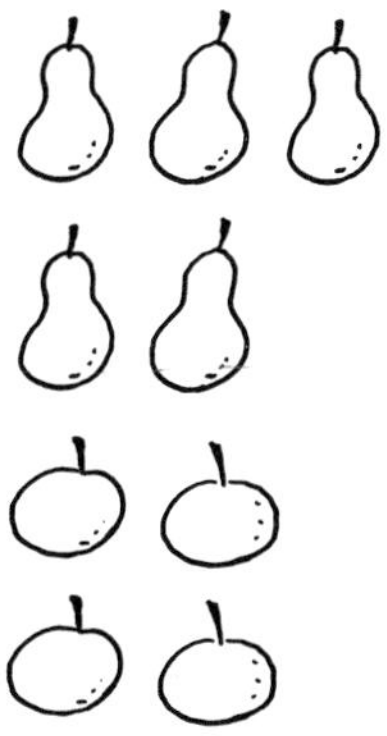	5 – 2 =
	9 – 2 =		7 + 2 =

Rechenpuzzle (ZR 10/Addition)

11

Das Eichhörnchen sammelt 5 Eicheln und 3 Haselnüsse.	Fritz hat 8 Murmeln. Er bekommt noch 2 geschenkt.
Karin bemalt zwei Ostereier, Uwe 5.	Peter kauft zwei Kugeln Eis. Eine Kugel kostet 1 Euro.
Kätzchen Minka bringt 1 schwarzes und zwei graue Junge zur Welt.	Uwe besitzt 3 weiße und drei gelbe Tennisbälle.
Zwei Tauben sitzen auf dem Dach. Es kommen noch 3 hinzu.	Klaus schießt 4 Tore. Benni erzielt 5.

Angelika Rehm/Dieter Rehm: Sachrechnen mit Bildern und Geschichten

Rechenpuzzle (ZR 10/Subtraktion) 12

Beim Autorennen kommen von 10 Autos vier ans Ziel.	Hans hat 8 Kekse. Er isst 6 davon auf.	Von den 6 Kerzen auf dem Tisch sind zwei ausgegangen.	Sven hat 10 Bücher im Regal. Fünf hat er schon gelesen.
In der Blumenvase sind neun Tulpen. 2 Tulpen sind verwelkt.	Karin hält acht Luftballons in den Händen. Sie lässt 5 fliegen.	Mutter hat 6 Eier. Für den Kuchen braucht sie fünf Eier.	Peter kauft sich ein Eis für einen Euro. Er bezahlt mit einem 10-Euro-Schein.

Dosenwerfen/Rechenbilder (ZR 20)

13

1

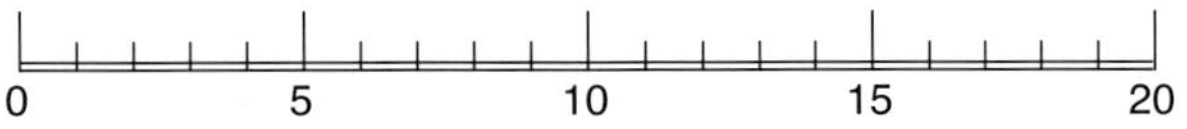

Wie viele Dosen bleiben noch stehen?

Rechnung: ______________________

2

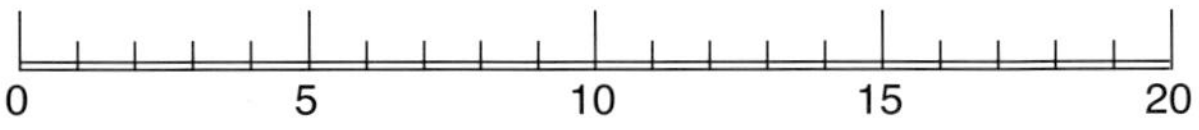

Uta wirft 7 Dosen ab.
Streiche die Dosen durch.

Rechnung: ______________________

3

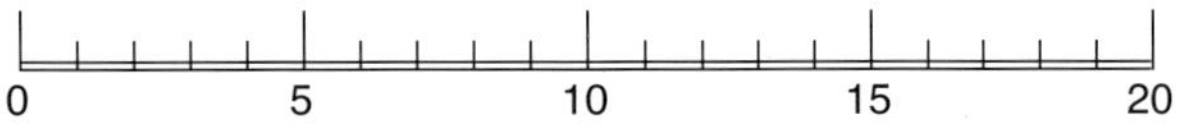

Baue eine Pyramide auf:
In der untersten Reihe stehen 4 Dosen.
Wie viele Dosen sind aufgestellt?
Zeichne die Dosen.

Rechnung: ______________________

4

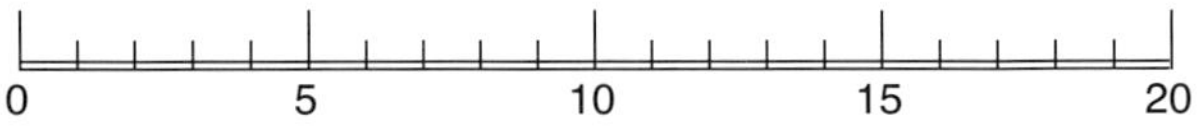

Peter stellt 15 Dosen auf. Beim ersten Wurf wirft er 3 Dosen ab, dann 4 und zum Schluss 2 Dosen. In der untersten Reihe stehen 5 Dosen. Streiche die abgeworfenen Dosen durch.
Wie viele Dosen bleiben stehen?

Rechnung: ______________________

Lösungen:

10	8	10	6

Was muss ich tun? (ZR 20)

14

Bild 1: Sprecht über das Bild und ergänzt die Zeichnung.

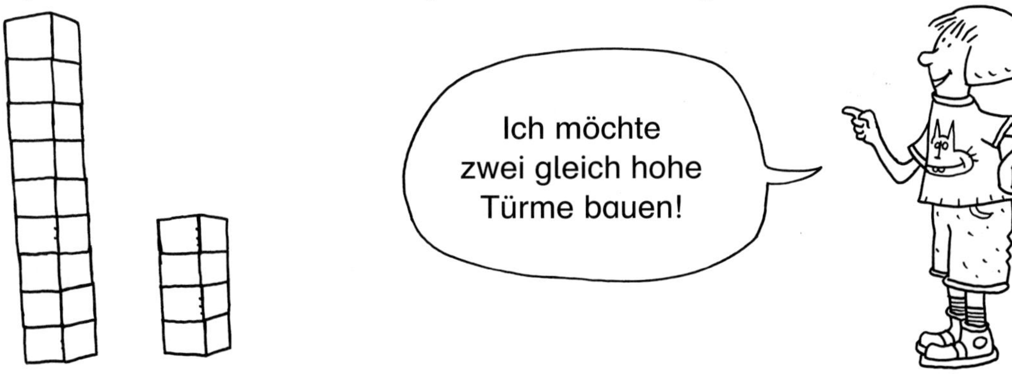

Bild 2: Sprecht über das Bild und ergänzt die Zeichnung.

Bild 3: Fülle die Sprechblase aus.

Bild 4: Fülle die Sprechblase aus.

Vier Rechengeschichten/Lückentexte (ZR 20) 15

1

Jutta hat in ihrem Bücherregal ☐ Bücher stehen. Sie bekommt noch 3 Bücher geschenkt.

Jutta hat nun ☐ Bücher.

2

An einer Lokomotive hängen ☐ Waggons. Kai will 5 Waggons abhängen.

An der Lokomotive hängen nun noch ☐ Waggons.

3

Auf dem Boden sind insgesamt ☐ Fliesen. ☐ Fliesen sind kaputt.

Es sind noch ☐ Fliesen ganz.

4

In einen Eimer gehen ☐ Liter Wasser. ☐ Liter sind schon drin. Dominik macht den Eimer voll.

Er füllt noch ☐ Liter Wasser in den Eimer.

Lösungen: | 5 | 10 | 10 | 14 |

Eine Zugfahrt/Rechengeschichte (ZR 20) 16

1. Sprecht über das Bild.
2. Schreibe die Rechnungen auf.
3. Wie viele Leute sitzen bei der Einfahrt im Bahnhof **D** im Zug?

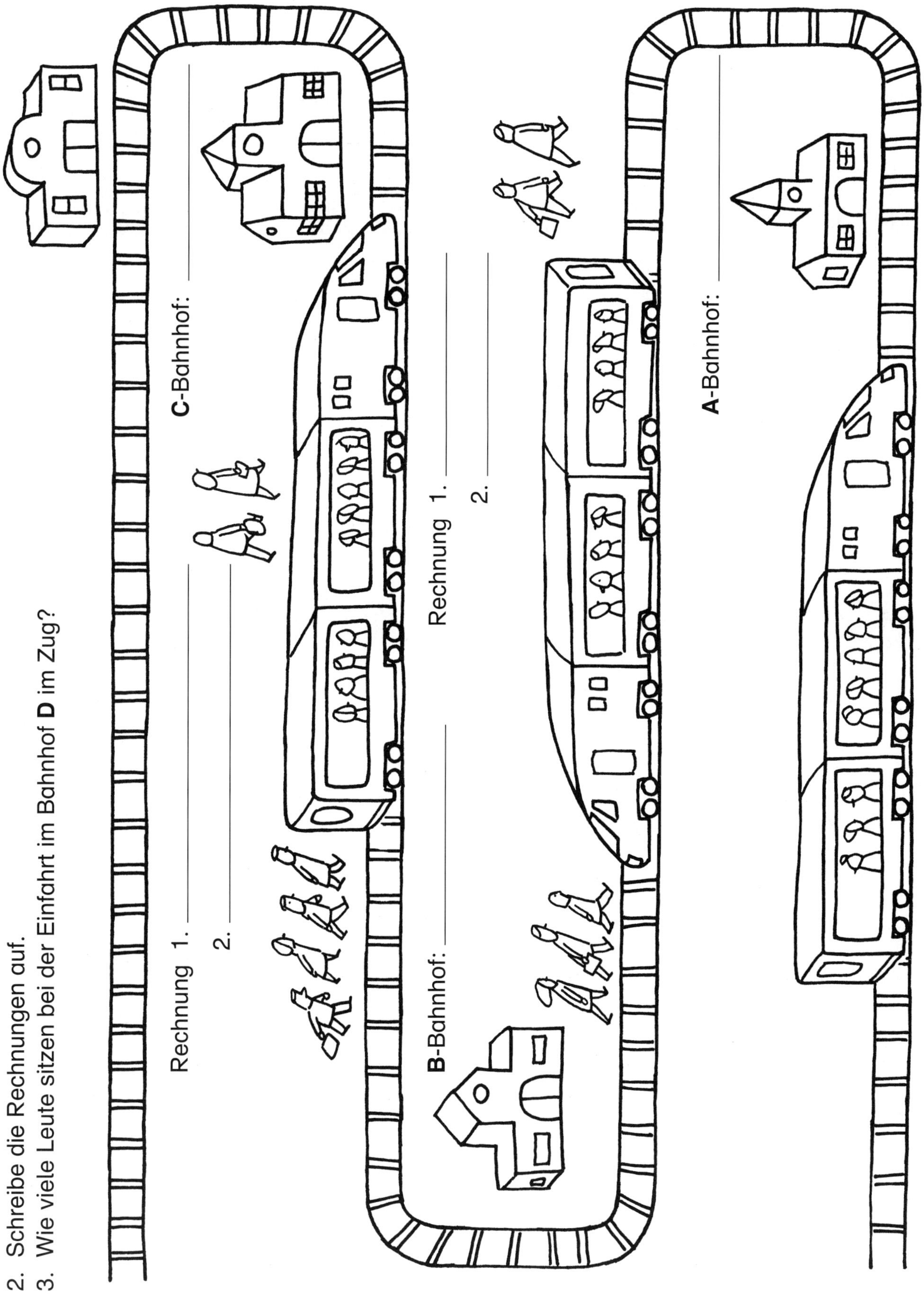

Es war einmal eine Reise mit dem Zug (ZR 20) 17

1. Zeichne eine eigene Geschichte.
2. Wenn du Lust hast, kannst du die Geschichte auch aufschreiben.

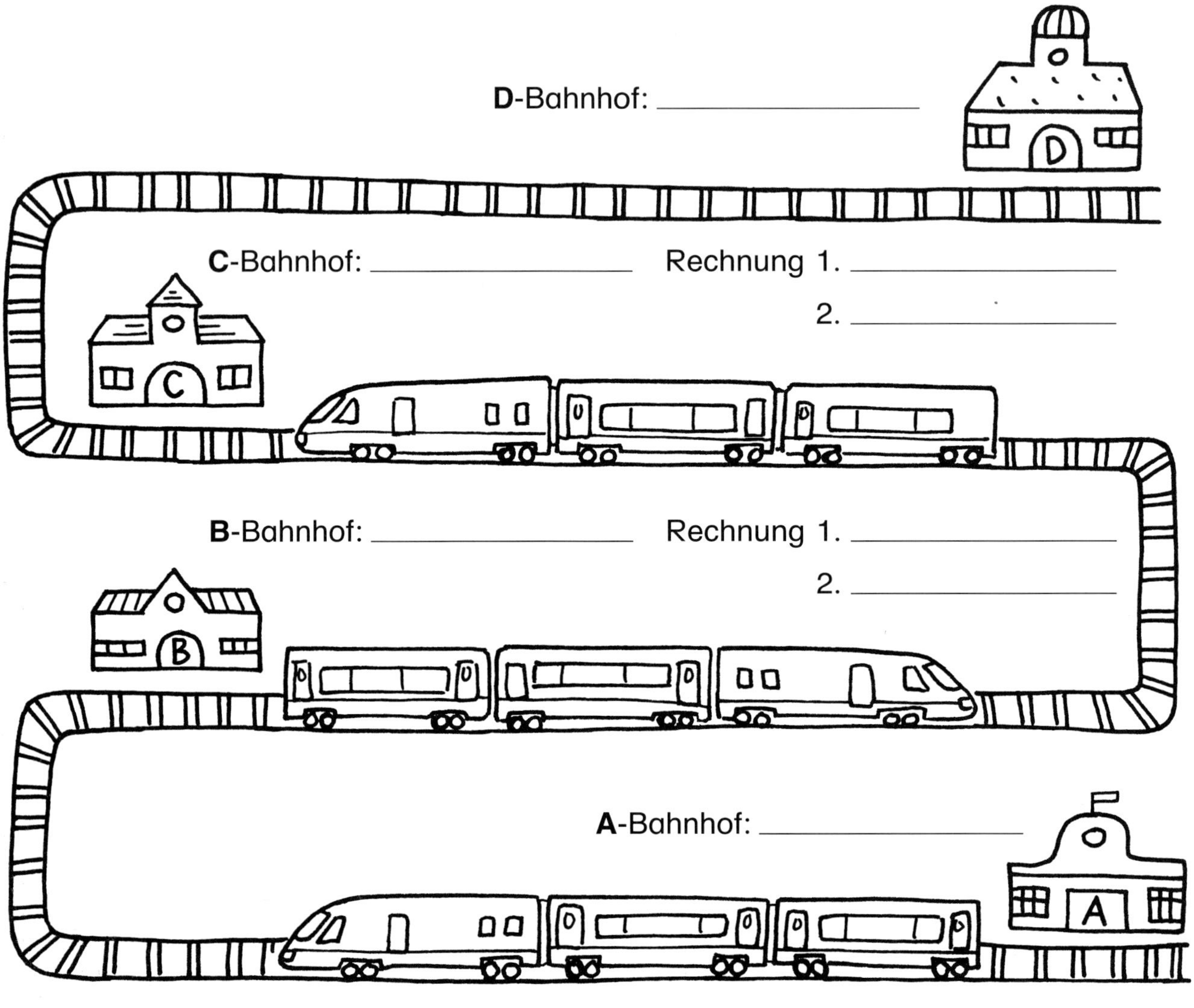

Angelika Rehm/Dieter Rehm: Sachrechnen mit Bildern und Geschichten

Fahrgäste im Zug/Rechengeschichte (ZR 20) 18

1. In A-Stadt sitzen 18 Personen in einem Zug.
   Dort steigen 9 Personen aus und 6 Personen ein.

   Frage: ______________________________

   Rechnung: ______________________________

   Zeichne die Fahrgäste in die Wagons:

2. In B-Dorf steigen 5 Personen aus und 7 ein.

   Frage: ______________________________

   Rechnung: ______________________________

   Zeichne die Fahrgäste in die Wagons:

Welche Lösungszahlen stimmen?

9	15	17	10

Spielsachen kaufen/Rechnen mit Geld

19

1. Suche die passenden Preise und Rechnungen und trage die Zahlen ein.

2. Schreibe die Fragen, Rechnungen und die Antworten auf.

   a) Petra kauft eine Puppe für ______€ und einen Hampelmann für ______€.

   Frage: ______________________________

   Rechnung: ______________________________

   Antwort: ______________________________

   b) Bernd hat ______€ gespart. Er kauft sich die Lokomotive für ______€.

   Frage: ______________________________

   Rechnung: ______________________________

   Antwort: ______________________________

Spielsachen kaufen/Rechnen mit Geld

20

c) Daniel hat Geburtstag. Von der Oma bekommt er ______€. Er kauft sich die Trompete für ______€ und den Ball für ______€. Den Rest spart er.

Frage: ______________________________

Rechnung: ______________________________

Antwort: ______________________________

d) Julia kauft sich drei Spielsachen. Sie hat 20 € gespart. Was kauft sie sich?

① ______________________________

② ______________________________

③ ______________________________

e) Thorsten bezahlt mit einem 10 €-Schein. Er bekommt 6 € zurück.
Was kauft er sich?

Frage: ______________________________

Rechnung: ______________________________

Antwort: ______________________________

10 – 5 =

6 + 2 =

7 + 12 + 1 =

20 – 9 – 1 =

10 – 6 =

Erst die Zeichnung, dann die Lösung

21

1. Bauer Piepenbrink will das Hühnergehege einzäunen. An jeder Ecke setzt er einen Pfosten. Zwischen zwei Pfosten bringt er jeweils 4 Latten an.

Frage: Wie viele Latten muss er anbringen?

Rechnung: ______________________________

Antwort: ______________________________

Zeichne:

2. Papa will den Badezimmerboden ausbessern. Er klebt vier Reihen. Für jede Reihe benötigt er 5 Fliesen.

Frage: Wie viele Fliesen benötigt er insgesamt?

Rechnung: ______________________________

Antwort: ______________________________

Zeichne:

Welche beiden Lösungszahlen stimmen? **14 | 16 | 18 | 20**

Erst zeichnen, dann lösen

22

1. Ein Gemüsebeet wird mit Platten eingefasst. Insgesamt werden 12 Platten verlegt.

   a) Welches Gemüsebeet wird eingefasst? Kreuze an:

A ☐

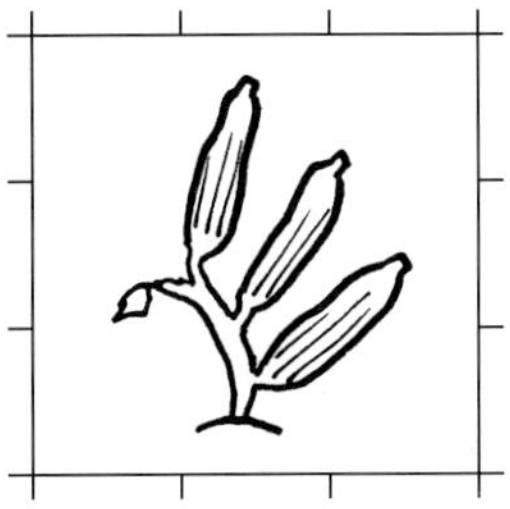

C ☐

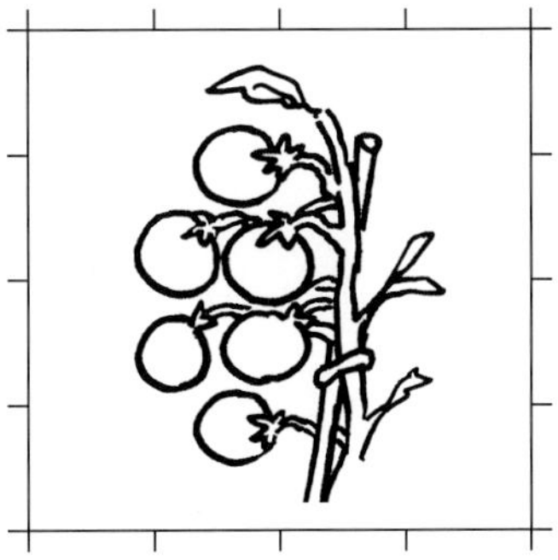

   b) Zeichne die Platten um das Beet ein.

   c) Welche Rechnung stimmt? Kreuze an:

   ☐ 2 + 2 + 4 + 4

   ☐ 3 + 3 + 3 + 3

   ☐ 1 + 1 + 5 + 5

B ☐

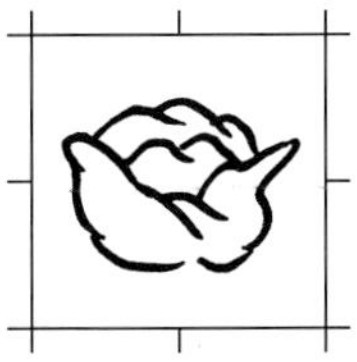

2. Das Dach von Bellos Hundehütte wird neu gedeckt.
   Für die oberste Reihe benötigt Papa 4 Schindeln, für die nächste 5 und für die letzte Reihe 6 Schindeln.

   Frage: Wie viele Schindeln benötigt Papa insgesamt?

   Rechnung: ______________________________

   Antwort: ______________________________

   Zeichne:

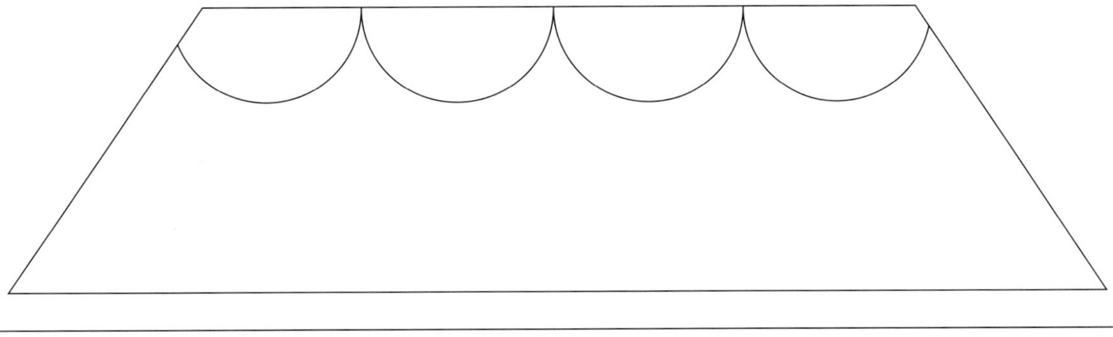

Name: ____________________

Auf dem Parkplatz ____________________

Hier kannst du ein Autobild einkleben oder selbst eines malen:

1. Lies den jeweiligen Text mehrmals durch.
2. Markiere die Zahlen, die in der Aufgabe vorkommen (gelb).
3. Zeichne die Autos ein. Nimm dazu verschiedene Farben.
4. Schreibe Frage, Rechnung und Antwort auf.

Lösungszahlen:

19	**17**	**9**	**6**	**11**	**18**	**Kapitänsaufgabe**

1. Am Montag stehen 9 Autos auf dem Parkplatz. 8 Autos kommen hinzu.

Parkplatz

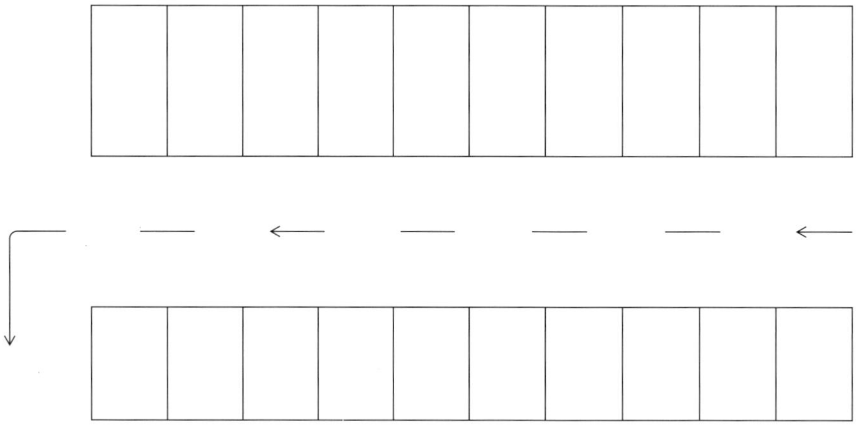

Frage: ____________________

Rechnung: ____________________

Antwort: ____________________

Heft auf dem Parkplatz

24

2. Am Dienstag fahren 5 Autos vom Parkplatz weg. Es stehen noch 14 da.

Parkplatz

Frage: ______________________

Rechnung: ______________________

Antwort: ______________________

3. Am Mittwoch standen zunächst 17 Autos auf dem Parkplatz.
Später waren es nur noch 11.

Parkplatz

Frage: ______________________

Rechnung: ______________________

Antwort: ______________________

4. Am Donnerstag kommen zunächst 6 Autos und dann nochmals 3 Autos auf den Parkplatz. Nun sind es insgesamt 18.

Parkplatz

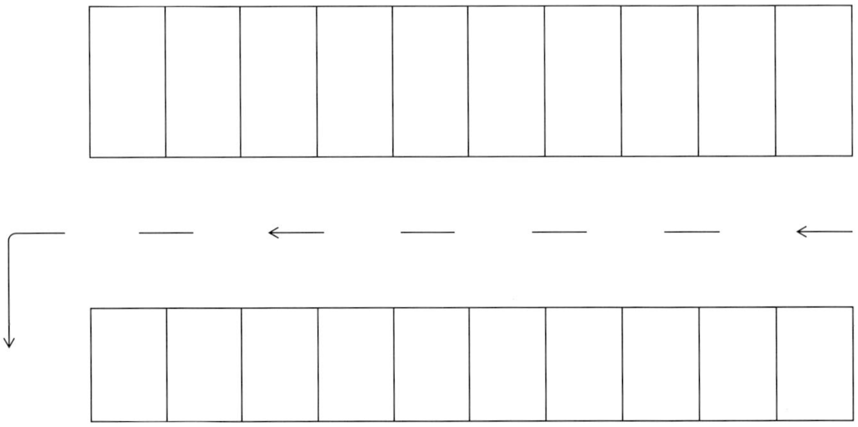

Frage: ______________________________

Rechnung: ______________________________

Antwort: ______________________________

5. Am Freitag stehen 13 Autos auf dem Parkplatz. Es kommen zunächst 5 hinzu, dann fahren 7 weg.

Parkplatz

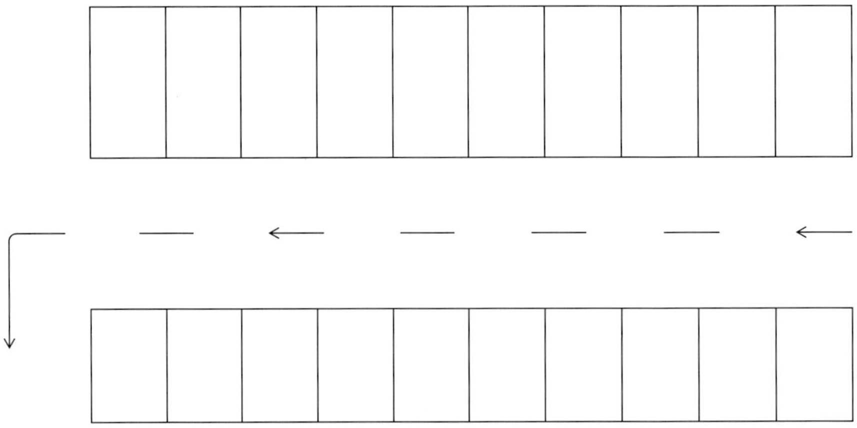

Frage: ______________________________

Rechnung: ______________________________

Antwort: ______________________________

Heft: Auf dem Parkplatz

26

6. Am Samstag geht es auf dem Parkplatz hoch her. Von 18 Autos fahren 11 ab und 7 kommen hinzu. Dann fahren 5 Autos weg und 9 fahren auf den Parkplatz.

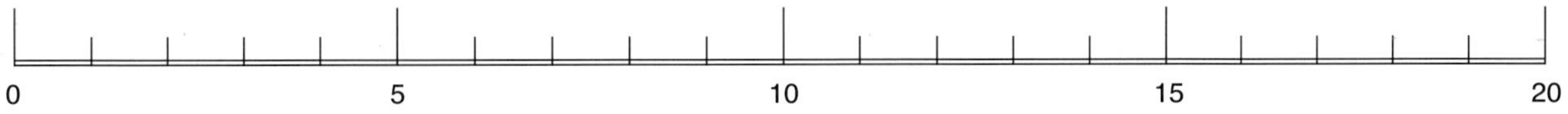

Frage: ______________________________

Rechnung: ______________________________

Antwort: ______________________________

7. Am Sonntag steht kein Auto auf dem Parkplatz. Es fahren zwei weg. Dann noch mal fünf. Wie viele Autos befinden sich am Montag auf dem Parkplatz?

Parkplatz

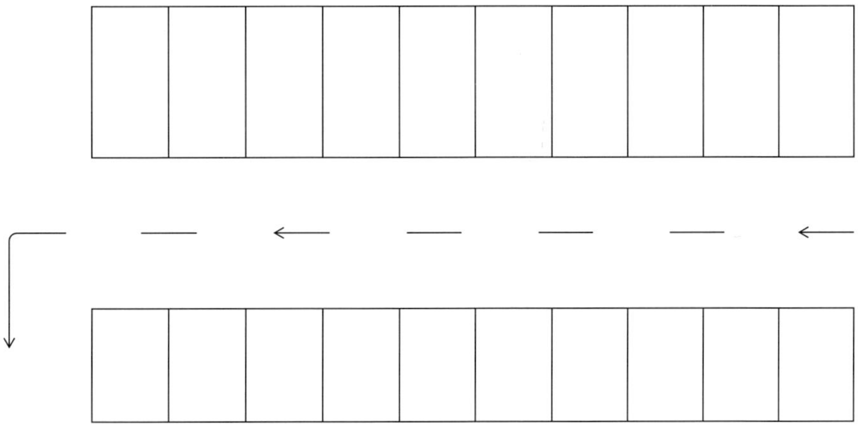

Frage: ______________________________

Rechnung: ______________________________

Antwort: ______________________________

Heft: Auf dem Parkplatz

27

8. Erfinde für den Montag eine eigene Aufgabe.

Parkplatz

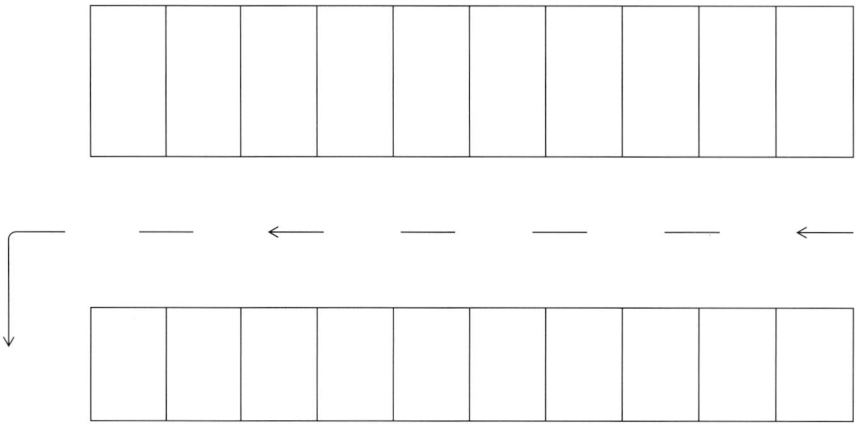

Frage:

Rechnung:

Antwort:

9. Hier kannst du dein Traumauto malen:

Name: ______________________

Die Gummibärchenwoche

Auch die Gummibärchen haben Ferien. Das beliebteste Ausflugsziel ist die Jugendherberge „Leckerland“, in der Herbergsvater Harry Bohne immer so freundlich zu ihnen ist.

Löse jeden Tag eine Aufgabe. Überlege, wie viele Gummibärchen an den verschiedenen Tagen übernachten.

1. Die ersten Gäste, 5 Gummibärchen, sitzen am Montagmorgen beim Frühstück im Speisesaal. Zum Mittagessen kommen noch 7 hinzu.

Frage: Wie viele Betten sind am Montag belegt?

Rechnung: ______________________

Antwort: ______________________

Heft: Die Gummibärchenwoche

29

2. Am Dienstag gesellen sich noch 6 Gummibärchen hinzu, doch gegen Abend reisen 9 wieder ab.

Frage: Wie viele Gummibärchen übernachten am Dienstag?

Rechnung: ______________________________

Antwort: ______________________________

3. 8 Gummibärchen kommen am Mittwochvormittag mit dem Fahrrad an, nachmittags erreichen noch zwei Gummibärchen als Wanderer die Herberge.

Frage: Wie viele ______________________________

Rechnung: ______________________________

Antwort: ______________________________

Heft: Die Gummibärchenwoche

30

4. Am Donnerstag ist großer Abreisetag. Zunächst fahren 7, dann 4 und gegen Abend nochmals 4 Gummibärchen ab.

Frage: ______________________________

Rechnung: ______________________________

Antwort: ______________________________

5. Auf dem nahe gelegenen Flugplatz landen am Freitag zum Wochenendaufenthalt in der Herberge 11 Gummibärchen. 2 müssen aber sofort wieder zurück, da sie der Oma beim Umzug helfen müsssen.

Frage: ______________________________

Rechnung: ______________________________

Antwort: ______________________________

Heft: Die Gummibärchenwoche

6. Am Samstag kommen 5 Motorrad fahrende Gummibärchen an und noch zwei mit dem Moped. Da es in der Herberge keinen Fernseher gibt, reisen 8 Gummibärchen wieder ab, weil sie zu Hause „Wetten dass …?“ sehen wollen. Später verlassen nochmals 4 die Herberge, um das „Sportstudio“ anzuschauen.

Frage: ______________________________

Rechnung: ______________________________

Antwort: ______________________________

7. Am Sonntag verlässt der Rest der Gummibärchen die Herberge.

Frage a: Wie viele Gummibärchen verlassen die Herberge?

Frage b: Herr Bohne möchte wissen, wie viele davon grün, blau, gelb oder rot sind.

Antwort: ______________________________

Trage ein:

Belegungsplan: Montag bis Sonntag Übernachtungen

Tag	Mo	Di	Mi	Do	Fr	Sa	So
Anzahl							

Lösungszahlen:

9	**Kapitänsaufgabe**	**8**	**12**	**13**	**4**	**19**	**8**

Im Zoo/Bild zur Rechengeschichte (ZR 20) 32

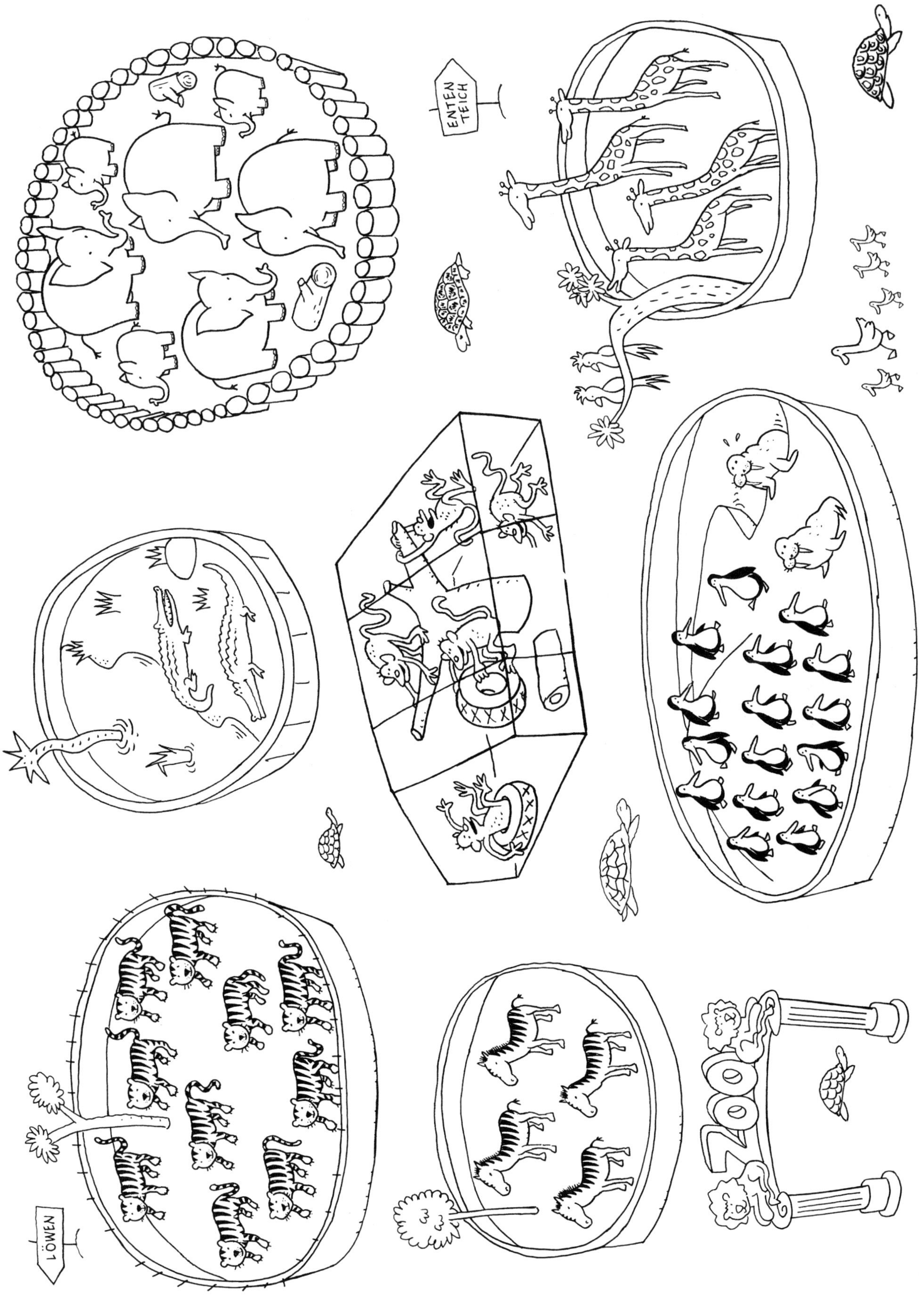

Im Zoo/Aufgaben und Lösungen (ZR 20)

33

1. 5 Giraffen sind noch im Haus.
2. 8 Affen haben sich versteckt.
3. 7 Papageien sind im Vogelhaus.
4. Insgesamt sind es 19 Pinguine.
5. Die Seehunde sind von der Hitze müde geworden. 9 haben sich ins Haus zurückgezogen.
6. 6 Elefanten sind im Haus.
7. Es ist Raubtierfütterung. 4 Tiger sind noch krank. Sie kommen nicht heraus.
8. Der Zoo besitzt 8 Löwen. Er kauft 3 Löwen dazu.
9. 2 Arten von Schildkröten sind zu sehen.
10. 6 Zebras sind noch im Stall.
11. 2 Krokodile halten Mittagsruhe. Die anderen Krokodile schwimmen unter Wasser.
12. Es gibt 5 Enten. Jede Ente hat 4 Junge.
13. Der Zoodirektor ist 51 Jahre alt. Wie alt ist der Löwe?

Lösungszahlen:

9
9
10
13
K
5
11
13
3
11
20
K
14

Nr. _____ Frage: ______________________

Rechnung: ______________________

Antwort: ______________________

Nr. _____ Frage: ______________________

Rechnung: ______________________

Antwort: ______________________

Nr. _____ Frage: ______________________

Rechnung: ______________________

Antwort: ______________________

Nr. _____ Frage: ______________________

Rechnung: ______________________

Antwort: ______________________

Im Zoo/Aufgaben und Lösungen (ZR 20) 34

Nr. _____ Frage: ______________________________

Rechnung: ______________________________

Antwort: ______________________________

Nr. _____ Frage: ______________________________

Rechnung: ______________________________

Antwort: ______________________________

Nr. _____ Frage: ______________________________

Rechnung: ______________________________

Antwort: ______________________________

Nr. _____ Frage: ______________________________

Rechnung: ______________________________

Antwort: ______________________________

Nr. _____ Frage: ______________________________

Rechnung: ______________________________

Antwort: ______________________________

Nr. _____ Frage: ______________________________

Rechnung: ______________________________

Antwort: ______________________________

Nr. _____ Frage: ______________________________

Rechnung: ______________________________

Antwort: ______________________________

Nr. _____ Frage: ______________________________

Rechnung: ______________________________

Antwort: ______________________________

Wichtiges und Unwichtiges (ZR 20)

35

1. Lies den jeweiligen Text mehrmals durch. Überlege, was für die Rechengeschichte wichtig ist.
2. Streiche die unwichtigen Sätze durch.
3. Fehlt auf den Bildern etwas? Zeichne!

a) Heute ist ein wunderschöner Herbsttag. Bauer Roggenstroh ist mit seinem roten Traktor unterwegs. Auf dem Stoppelfeld liegen 15 Strohballen. Der Bauer fährt davon 6 Ballen in seine Scheune. Die Pferde wiehern vor Freude.

b) Auf dem Bahnsteig warten viele Leute. Sie gehen auf und ab. Endlich fährt der Zug ein. Er besteht aus 7 Wagen. Im Bahnhof werden noch 6 Wagen angehängt. Endlich fährt der Zug ab. Er hat schon 10 Minuten Verspätung.

c) Tina hat Geburtstag. Sie ist ziemlich aufgeregt. Zu einer kleinen Feier hat Tina 7 Kinder eingeladen. Ihre Mutter hat einen Kuchen gebacken. Darauf brennen 11 Kerzen. Tina versucht sie auszublasen. 4 Kerzen brennen noch. Tina hat zum Geburtstag viele Geschenke bekommen.

Wichtiges und Unwichtiges (ZR 20)

36

d) Frau Schnurrfreund hat sich eine Katze angeschafft, damit die Mäuse im Keller sich nicht allzu wohl fühlen. Doch von den 14 kleinen Nagern machen sich zunächst einmal 8 von ihnen über ein herrliches Stück Käse her. Die anderen kommen leider zu spät. Als die Katze erscheint, grinsen die Mäuse aus einem winzigen Loch. Und Frau Schnurrfreund beklagt sich jämmerlich über den verschwundenen Käse und die dumme Katze.

e) Vier Ruderboote fahren auf dem See. In jedem der Boote sitzen 5 Ruderer. In der Ferne nähert sich ein Gewitter. Die Ruderer haben es eilig und rudern mit voller Kraft. Vor dem ersten krachenden Donnerschlag sind sie an Land.

f) Bereits seit einigen Tagen hatte die Lehrerin, Frau Lieblich, Schnupfen und Husten. Nun hat sie noch Fieber bekommen und muss zu Hause bleiben. Hans hat die ganze Woche, von Montag bis Freitag, nur jeweils in den ersten beiden Stunden Unterricht. Darüber ist er nicht traurig.

Stunde	Mo	Di	Mi	Do	Fr
1.					
2.					
3.					
4.					

Lösungszahlen: | 7 | 9 | 6 | 10 | 13 | 20 |

Rechenmemory (ZR 20/Addition und Subtraktion) 37

Schneide Bilder und Rechenaufgaben aus.

	10 – 4		7 + 8
	10 – 3	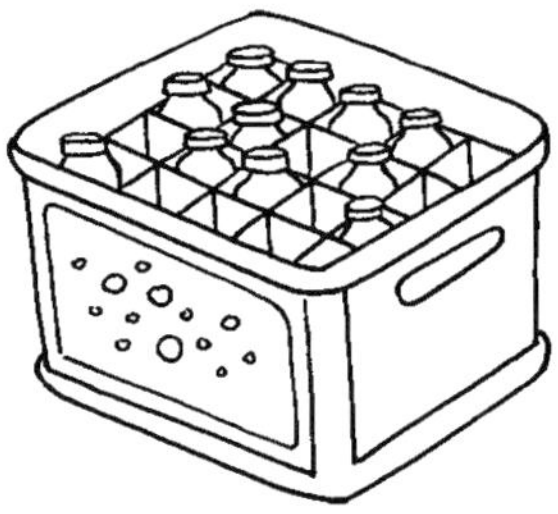	20 – 9
	4 + 3 + 5		12 – 2
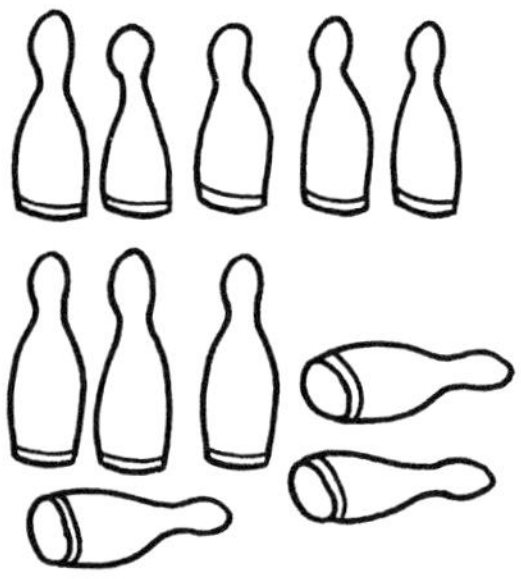	11 – 3		5 + 6
	10 + 2		11 + 7

Angelika Rehm/Dieter Rehm: Sachrechnen mit Bildern und Geschichten

Rechenpuzzle (ZR 20/Addition und Subtraktion) 38

Vater zündet beim Gartenfest sieben blaue und 5 rote Lampions an.	In der Klasse 1 b sind von zwanzig Kindern 7 Jungen.	Der FC Siegdorf hat heute ein Fuβballspiel. Auf der Reservebank sitzen noch sechs Spieler.	Heike zählt die Tomaten im Garten. An einem Strauch hängen neun, am anderen 6 Tomaten.
Bernd kauft einen Ball. Er kostet 11 €. Bernd bezahlt mit einem 20 €-Schein.	In einem Bus sitzen zwölf Fahrgäste. 8 steigen an der nächsten Haltestelle aus.	Ein Kaninchen hat sich in den Gemüsegarten geschlichen. Von den vierzehn Salatköpfen frisst es vier auf.	Sabine hat 9 Puppen. Zum Geburtstag bekommt sie noch zwei geschenkt.
In der Küche werden zwei neue Sprossenfenster angebracht. Jedes hat 8 Scheiben.	6 Enten schwimmen auf dem See. Zwölf sitzen am Ufer.	19 Personen sind im Schwimmbad. Davon sind fünf im Nichtschwimmerbecken.	Mutter schneidet die Torte auf. Von zwölf Stücken bleiben 6 übrig.

Eine Rechengeschichte aufschreiben

39

1. Schreibe eine kleine Rechengeschichte auf.
2. Male oder zeichne deine Geschichte.
3. Schreibe die Frage, die Rechnung und die Antwort auf.
4. Löse die Aufgabe am Zahlenstrahl.

1. Rechengeschichte:

2. Male oder zeichne:

3. Frage:

Rechnung:

Antwort:

4. Zahlenstrahl:

Leerblatt zu den Textaufgaben

40

Text:

Löse die Aufgabe auf verschiedene Weise.

a) Zeichne:

b)

Text:

Löse die Aufgabe auf verschiedene Weise.

a)

b) 0 5 10 15 20

c) Rechnung: ______

Leerblatt zu den Textaufgaben

41

Text:

Löse die Aufgabe auf verschiedene Weise.

a)

b) 0 5 10 15 20

c) Rechnung: ______

Text:

Frage: ______

Rechnung: ______

Antwort: ______

Textaufgaben

T1

ZR 10/Addition

Hundemutter Katja hat 8 Junge bekommen. Hündin Mona 5.

Herr Apfelkorn hat in seinem Obstgarten 5 Birnbäume. Er planzt noch 3 dazu.

Clarissa hat eine schicke Bluse an. Mit 3 goldenen und 6 silbernen Knöpfen.

Nina kauft 2 Schachteln mit Filzstiften. In jeder Schachtel sind 5 Stück.

Alex hat 4 Zähne, Katharina 3. „Ich habe so viele Zähne wie meine beiden Enkel zusammen“, meint die Oma und lacht. Und alle lachen mit.

Eichhörnchen Klug sorgt für den Winter vor. 4 Haselnüsse und 5 Walnüsse hat es bereits.

Karlchen hat 5 Euro gespart. Opa Gnädig schenkt ihm für ein gutes Zeugnis noch drei dazu.

„Ich habe 5 ganz süße Kinderchen“, schwärmte Frau Apfelsine in höchsten Tönen.
„Meine vier sind immer sauer“, meinte mit langem Gesicht Frau Zitrone.
Wie viele Kinder sind das zusammen?

3 Heißluftballons steigen auf. In einem sind 3 Personen, im zweiten 4 und im dritten 2.

Ist das ein Orchester! Es trällern 3 Lerchen, 2 Nachtigallen singen und 2 Spechte sitzen am Schlagzeug.
Wie viele Vögel sind das zusammen?

ZR 10/Subtraktion

Frau Rosenzweig pflanzt 9 Tannen im Garten. 3 wachsen nicht an.

Auf einem Kerzenständer sind 6 brennende Kerzen. Durch einen Luftzug werden 4 gelöscht.

Die Meise Mathilde hat in 10 Minuten 5 Mücken gefangen. Rotkehlchen Rita fängt in der gleichen Zeit 8 Mücken.
Wie viele Mücken fing Rotkehlchen Rita mehr?

Textaufgaben

T2

Puppe Frieda hat noch 10 Haare. Da sie sich wie Schneewittchen ständig kämmt, hat sie nach kurzer Zeit drei Haare weniger.

Herr Schlunz müsste eigentlich 10 Knöpfe an seinem Hemd haben. Doch 3 fehlen.
Das sieht aus!
Wie viele Knöpfe sind am Hemd?

Frau Schönlieb kauft neun Tulpen und steckt sie in die Vase. Katze Lisa ist eine große Blumenfreundin und spielt ganz niedlich mit dem Strauß. Danach stehen nur noch 5 Tulpen aufrecht.

„Irgendjemand klaut hier von den schönen Birnen", klagt Frau Ehrlich.
„Gestern habe ich 8 Stück gekauft und nun sind schon drei weg."
Mäxchen lacht heimlich.

Von 9 Schneemännern stehen 6 im Schatten. Die anderen standen leider in der Sonne.

Unter einem Baum liegen 10 Nüsse. Der Hamster schleppt vier nach Hause.

Frau Sparsam hat 9 Euro in der Geldbörse. Sie gibt 3 Euro aus.

An einem Tomatenstrauch hängen 7 Tomaten. Am Montag fallen zwei Tomaten ab, am Dienstag drei.

In einem Bus sitzen 8 Fahrgäste. An der ersten Haltestelle steigen 4 aus, an der zweiten 3.

ZR 20/Addition

In einem Aquarium schwimmen 7 rote und 6 blaue Fische.

Uwe sagt: „In einer Woche und 6 Tagen habe ich Geburtstag."

Weil heute Abend der Ameisenbär tanzt, gehen 9 Ameisen in die Disco.
8 kommen noch nach.

Beim Auto-Scooter auf der Kirmes fahren 4 Autos. Sieben stehen in der Ecke.

Textaufgaben

T3

In einer Packung sind 8 Filzstifte. Peter kauft 2 Packungen.

Fünf Hummeln beschließen, einen Gesangsverein zu gründen. Für die hohen Stimmen melden sich noch 7 Mücken.
Wie viele Mitglieder hat der Verein nun?

Müllers lieben Tiere über alles. Sogar die Mäuse dürfen ein Fest veranstalten.
7 tanzen unter dem Tisch, 8 auf dem Tisch. Die Stimmung ist wunderbar bis Herr Kater mit seiner Frau vom Abendspaziergang zurückkommt.

Herr Hirnbeisel schläft unter einem schattigen Baum im Liegestuhl. Drei Fliegen tanzen ihm ständig auf der Nase herum, doch er bewegt sich nicht. „Kommt“, sagt die eine zu den anderen, „wir holen noch die neun Kumpel aus der Küche.“ Die kommen auch.
Da hättest du Herrn Hirnbeisel mal sehen sollen.

Drei Angler sitzen am Teich. Einer angelt 4, der zweite angelt 3 und der dritte angelt 7 Forellen.

Frau Freudig bekommt zum Muttertag einen dicken Blumenstrauß mit 5 Rosen, 7 Tulpen und 6 Nelken.

In einem Bus sitzen 5 Personen. An der ersten Haltestelle steigen 7 Personen zu, an der zweiten 4.

Elke hat einen Haufen Geld. Sie kauft sich Süßigkeiten für 2 Euro, eine Puppe für 8 Euro und ein Buch für 4 Euro. Dann ist sie pleite.

Ein Stuhl hat 4 Beine. Am Tisch stehen 3 Stühle.

Drei Pferde bekommen neue Hufeisen.

Am Montag und am Dienstag scheint die Sonne jeweils für 4 Stunden. Am Mittwoch scheint sie 7 Stunden.
Wie viele Stunden scheint sie an den drei Tagen zusammen?

Für kluge Rechner:
Ach ist das süß! Da liegen Welpen im Körbchen und schauen dich an.
Es sind insgesamt 14 Augen. Wie viele Welpen liegen im Körbchen?

Für kluge Rechner:
Oma Kränklich hat eine Packung mit 18 Tabletten. Jeden Tag muss sie drei davon nehmen. Wie viele Tage reichen die Tabletten?

Textaufgaben

T4

ZR 20/Subtraktion

Ein Gartentor besteht aus 14 Latten. 9 davon sind noch in Ordnung.

Ein Kalender hat 12 Blätter. Drei Blätter sind schon abgerissen.

Auf einem Stoppelfeld liegen 19 Strohballen. Bauer Feldmann fährt 6 Ballen in die Scheune.

18 Kandidaten nehmen an einem Schlager-Wettbewerb teil. Davon sind 11 Mädchen.

Bei einem Autorennen starten 20 Autos. Zwölf Rennwagen erreichen das Ziel.

In der Schule stellt Frau Pisa 19 Fragen. 3 werden richtig beantwortet.

Der Nikolaus hat viel vor: 15 Familien will er besuchen. Bei 6 Familien war er schon.

Frau Pommes besitzt eine Imbissbude. Von 18 Bratwürsten hat sie schon 13 verkauft.

Herr Säuerlich isst gerne Gurken. In einem Glas waren 20 Stück. 13 hat er bereits gegessen.

In einer Herde werden die Schafe geschoren. Von 17 haben noch 9 ihre Wolle.

Von 15 Äpfeln am Baum sind 6 heruntergefallen. Meinten die von oben: „Ganz schön faule Typen."

In der Hitparade sollen 18 Schlager vorgestellt werden. 7 wurden schon gesungen.

Von 16 Kühen auf der Weide sind 6 ausgebrochen. Bauer Heustroh schimpft: „Mistviecher!"

Herr Murks stemmt ein Loch in die Wand. Plötzlich knallt es. Durch den Kurzschluss sind von 14 Sicherungen 8 herausgesprungen.

Textaufgaben

T5

Herr Fleißig arbeitet 20 Tage im Monat. 4 Tage war er krank. Wie viele Tage hat er in diesem Monat gearbeitet?

Ein Marienkäfer hat 18 schwarze Punkte auf seinem Rücken. Da kommt ein starker Regen und 13 Punkte werden abgewaschen.

Oma Sparsam will 20 Gramm Wurst kaufen. Die Verkäuferin, Fräulein Schusselig, packt 16 Gramm ein und sagt ganz keck: „Darf's ein bisschen weniger sein?"
Wie viel Gramm sind es weniger?

Grau Grusel schickt ihren Sohn Peter in der Keller, um ein Glas Gurken zu holen. Plötzlich entdeckt er dort unten in einer Ecke ein großes Spinnennetz und er zählt 15 Spinnen darin. Aus lauter Neugierde berührt Peter das Netz. Aufgeschreckt rasen 7 Spinnen in verschiedene Richtungen davon.

Aufgaben mit Ergänzungen/Addition und Subtraktion

Aus Kastanien kann man herrliche Ketten machen. Ute sagt zu Felix: „Wenn du mir 7 dazugibst, habe ich 18." Felix meint: „Für deine Schönheit tue ich alles."
Wie viele Kastanien hatte Ute zuvor?

Ein wunderschöner Teddybär kostet 15 Euro. „Liebe Oma", bettelt Tanja, „wenn du mir noch 6 Euro gibst, könnte ich mir den Teddy kaufen."

Herr Hase sitzt mit seinen 9 Kindern zum Abendessen im Möhrenbeet. „Ach", stöhnt er, „wenn nicht Herr Fuchs zu Besuch gekommen wäre, hätte ich jetzt alle 13 Kinder um mich herum."

Auf einer Schachtel Pralinen steht: Inhalt 18 Stück. Als Frau Jammer sie ihren beiden Freundinnen beim Kaffeekränzchen anbietet, bemerkt sie mit Schrecken, dass nur noch 12 Pralinen in der Schachtel sind. Sagt Sohn Peter leise zu seiner Schwester: „Frau Süß und Frau Nasch sind sowieso zu dick."

Herr Heimlich versteckt an einem sonnigen Ostermorgen 14 bunte Eier im Garten. 3 davon sind blau, 7 gelb und die restlichen rot.

Eine Tafel Schokolade hat 12 Rippchen. Drei davon sind noch da. Was meinst du, wie Michas „Schnabel" aussieht?

Frau Mehlbrei hatte 14 Waffeln gebacken. Nun sind noch fünf da.

Von einem Jahr sind schon 5 Monate vorbei. Wie viele Monate hat das Jahr noch?

Textaufgaben

T6

18 Störche wollen gemeinsam in den Süden fliegen. 13 haben sich bereits versammelt. Wie viele kommen noch hinzu?

Familie Feiertag macht ein Grillfest. Nach kurzer Zeit liegen nur noch 2 Würste auf dem Grill. Frau Feiertag ist entsetzt. Vor 10 Minuten lagen doch noch 19 Würste da.

Mutter gibt Fritz in der Küche 7 Teller, die er ins Wohnzimmer bringen soll. Mit drei ganzen Tellern kommt er dort an. Wer ärgerte sich wohl mehr: Mutter oder Fritz?

Zur Balletprobe sind 6 Mäuse im Keller erschienen. Wenn alle kommen sind es 20.

Bauer Rübenkraut hat 3 Hühner. Die sind recht traurig, möchten sie doch eine Fußballmannschaft gründen. So gackern sie eines Tages von morgens bis abends, bis Herr Rübenkraut noch so viele Hennen beschafft, dass ihr Wunsch in Erfüllung geht.

Anja hat sich bisher 7 Sendungen im Kinderkanal angesehen. In einer Woche darf sie 20 Sendungen sehen.

In einer Dose lagen 18 Ölsardinen friedlich nebeneinander. Nachdem sich Hanspeter mit der Gabel daran zu schaffen machte, waren es nur noch 7.

Kapitänsaufgaben

3 Kinder machen im Turnen eine Rolle vorwärts, 4 eine Rolle rückwärts.
Wie viele Klimmzüge sind das?

Herr Feinzwirn hat 9 blaue Krawatten, davon sind fünf rot.

Im Karneval haben sich 3 Kinder als Hexen und 7 als Teufel verkleidet.
Wie viele Indianer sind es insgesamt?

Katrin hat 4 Äpfel und Klaus hat 5 Birnen. Wie viele Pfirsiche haben sie zusammen?

5 Enten schwimmen in einem Teich. Jede taucht den Kopf 10 Zentimeter ins Wasser.
Wie tief ist der Teich?

Zu Fastnacht schmückt Frau Fröhlich ihr Wohnzimmer. Sie hängt 8 Luftschlangen auf, von denen zwei giftig sind.

Lisa und Ingo sitzen in einer italienischen Eisdiele. Lisa bestellt sich einen Eisbecher für 3 Euro und Ingo einen Milchmix für 2 Euro. Wie viel kostet ein Spaghetti-Eis?

Angelika Rehm/Dieter Rehm: Sachrechnen mit Bildern und Geschichten

Umkehr- und Tauschaufgaben/ Wiederholung (ZR 20)

1

Unterschiede (ZR 100)

2

1. Schuppi, der Fisch, schwimmt 83 Meter tief. Gräti, sein Kumpel, 9 Meter weniger tief.

   Frage: ______________________________

   Rechnung: ______________________________

   Antwort: ______________________________

   Zeichne auf dem Zahlenstrahl:

2. Laubfrosch Isidor hüpft mit einem Sprung 10 Zentimeter weit. Er macht sechs Sprünge. Sein bester Freund, Kasimir, ist Profihüpfer. Der schafft mit einem Sprung 20 Zentimeter. Er macht vier Sprünge.
   Wer springt weiter? Wie viele Zentimeter sind das?

   Rechnung: ______________________________

   Antwort: ______________________________

   Zeichne auf dem Zahlenstrahl:

3. Im Herbst fallen unzählige Blätter vom Apfelbaum. Vom Birnbaum fallen 83 Blätter.

   Frage: ______________________________

   Rechnung: ______________________________

   Antwort: ______________________________

Lösungszahlen:

K	74	20

Unterschiede (ZR 100)

3

1. Möwe Emma fliegt in 67 Metern Höhe. Elsa, ihre Tochter, fliegt 20 Meter tiefer.

   Frage: ____________________

   Rechnung: ____________________

   Antwort: ____________________

   Zeichne auf dem Zahlenstrahl:

2. Peter wirft einen Ball 45 Meter weit. Rudi schafft, weil er nicht so viel „Muckies“ in den Armen hat, 30 Meter.

   Frage: ____________________

   Rechnung: ____________________

   Antwort: ____________________

   Zeichne auf dem Zahlenstrahl:

3. Katze Schnurri fing in einem Jahr 69 Mäuse. Kater Murr nur zwanzig. Ein fauler Kerl ist das!

   Frage: ____________________

   Rechnung: ____________________

   Antwort: ____________________

   Zeichne auf dem Zahlenstrahl:

Lösungszahlen:

15	49	47

Wintervorräte

Bunte Blätter tanzen lustig im Wind.
Die Nächte werden schon kühler.
Der Winter steht vor der Tür.
Manche Tiere sammeln jetzt ihre
Vorräte für die kalte Jahreszeit.

Lösungszahlen:

19	**6**	**19**	**38**	**29**	**30**	**4**	**19**	**14**	**34**

Herr Nussbaum hat den Tieren versprochen, sich am Montag zum ersten Mal zu schütteln. Da ist Hanna Haselmaus als Erste auf den Beinen. Schnell bringt sie **7** Nüsse nach und nach an einen geheimen Ort. Der Langschläfer Hans Hamster schleppt später noch **12** Nüsse in seinen Bau.

Wie viele Nüsse lagen am Boden?

Rechnung: ______________________________

Antwort: ______________________________

____

Zeichne auf den Zahlenstrahl:

Angelika Rehm/Dieter Rehm: Sachrechnen mit Bildern und Geschichten

Heft: Wintervorräte (ZR 100) 5

Am Dienstag fällt auch Erich Eichhörnchen wieder ein, was Herr Nussbaum angekündigt hat. Erich bringt **11** Nüsse in sein Versteck, verliert aber unterwegs **5** Stück.

Erich Eichhörnchen

a) Wie viele Nüsse hat Erich Eichhörnchen noch?

Rechnung: ______________________

Antwort: ______________________

Hanna Haselmaus, das kleine Schlitzohr, findet sie und nimmt auch die restlichen **9** Nüsse unter dem Baum noch mit. Als Hans kommt ist alles weg.

b) Wie viele Nüsse bringt Hanna Haselmaus weg?

Rechnung: ______________________

Antwort: ______________________

Zeichne auf den Zahlenstrahl:

Der schlaue Hans Hamster bietet Hanna Haselmaus am Mittwoch eine Wohngemeinschaft an.
Hanna ist einverstanden und beide bringen von nun an alle Nüsse, die sie zusammen sammeln, in den Bau von Hans.
Hans liest **20** auf, Hanna sammelt **14**.
4 Nüsse werfen sie später weg, weil sie taub sind.

a) Wie viele Nüsse finden sie am Mittwoch?
b) Wie viele Nüsse tragen sie in ihren Bau?

Rechnung: ______________________

Antwort: ______________________

Zeichne auf den Zahlenstrahl:

Heft: Wintervorräte (ZR 100) 6

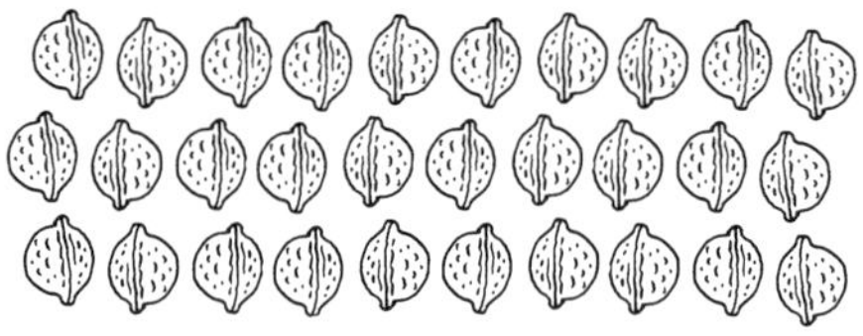

Erich Eichhörnchen hat erst am Donnerstag seine Trauer über die verlorenen fünf Nüsse überwunden. Heute sammelt er zuerst **9** Nüsse, dann noch **7**. Die bringt er in ein Zwischenlager. Am Nachmittag bringt er noch **drei** Nüsse dorthin.

Wie viele Nüsse sammelt Erich heute?

Rechnung: ______________________

Antwort: ______________________

____

Zeichne auf den Zahlenstrahl:

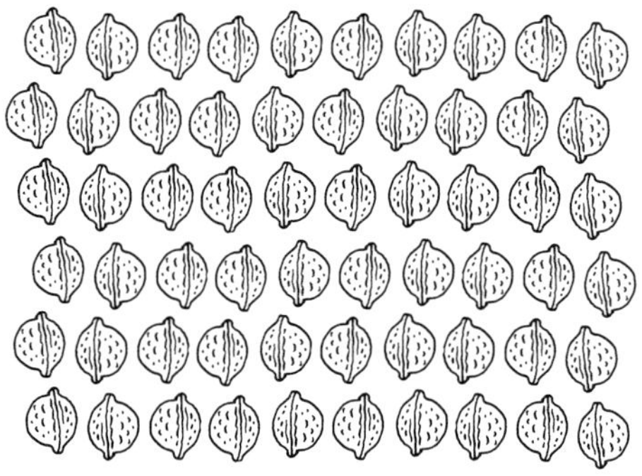

Am Freitag klopft Erich an die Tür von Dagobert Dachs: „Hey, mach auf, ich habe mit dir zu reden!" Dagobert grummelt schläfrig und öffnet die Tür einen Spalt breit. „Du hast mir gestern **4** Nüsse geklaut, du Dieb!" Mit einem schlechten Gewissen gibt Dagobert seine Beute zurück und zahlt freiwillig noch **3** Nüsse Strafe. Immerhin habe ich dann noch **12** Stück", sagt er sich.

Wie viele Nüsse hatte Dagobert Dachs am Anfang?

Dagobert Dachs

Rechnung: ______________________

Antwort: ______________________

____

Zeichne auf den Zahlenstrahl:

Heft: Wintervorräte (ZR 100)

7

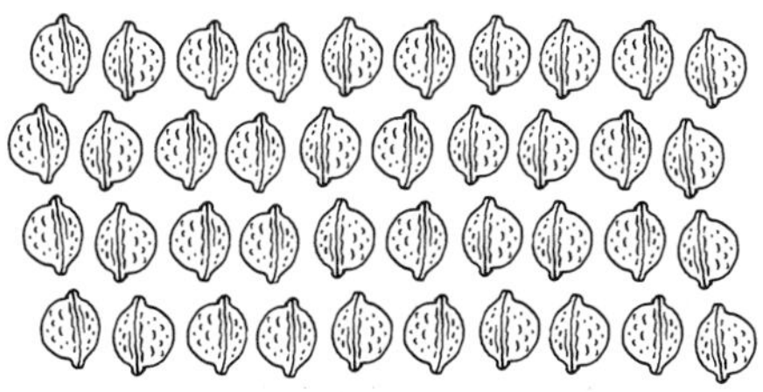

Ob Herr Nussbaum wohl etwas gemerkt hat?
Am Samstag lässt er richtig viele Nüsse fallen.
Hanna holt **5**, Erich **15** und Hans **18** Nüsse.

Wie viele Nüsse lässt Herr Nussbaum fallen?

Rechnung: ______________________________

Antwort: ____

Zeichne auf den Zahlenstrahl:

Erich das Eichhörnchen

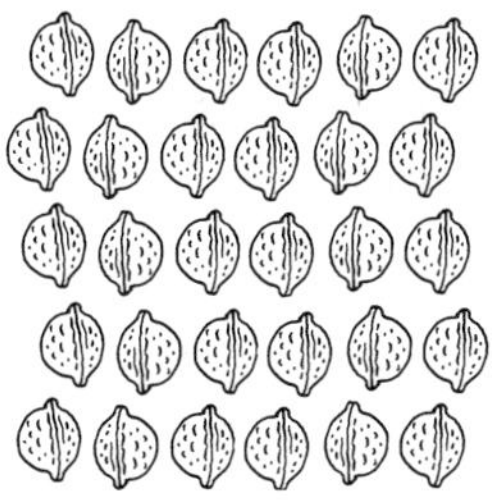

Am Sonntag gibt es eine Waldhochzeit. Weil Sie sich ja schon lange kennen, beschließen Hanna und Hans, ein Paar zu werden. Zum Festmahl legen sie **20** Nüsse aus, Erich bringt als Geschenk noch **9** mit. Nur Dagobert kommt, ohne etwas mitzubringen – außer natürlich einen gewaltigen Hunger.

a) Wie viele Nüsse haben sie?

Rechnung: ______________________________

Antwort: ____

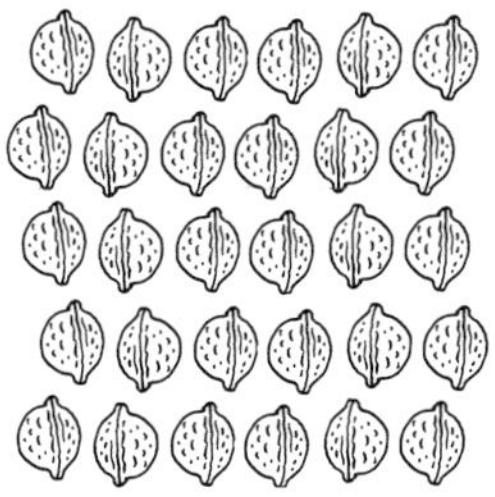

Zum Mittagessen verzehrt man **19** Nüsse, am Nachmittag nochmals **6**. Den Rest nimmt Dagobert heimlich an sich und macht sich in der Dämmerung davon.

b) Wie viele Nüsse nimmt Dagobert heimlich mit?

Rechnung: ______________________________

Antwort: ____

Zeichne auf den Zahlenstrahl:

Reise mit dem Zug/ Addition und Subtraktion (ZR 100)

8

Im ICE sitzen 93 Fahrgäste.

1. In Köln steigen 17 Personen aus und 5 ein.

Rechnung 1: ______________________ Rechnung 2: ______________________

Es fahren weiter: __________________

2. An der nächsten Haltestelle in Koblenz steigen 4 Personen ein und 19 aus.

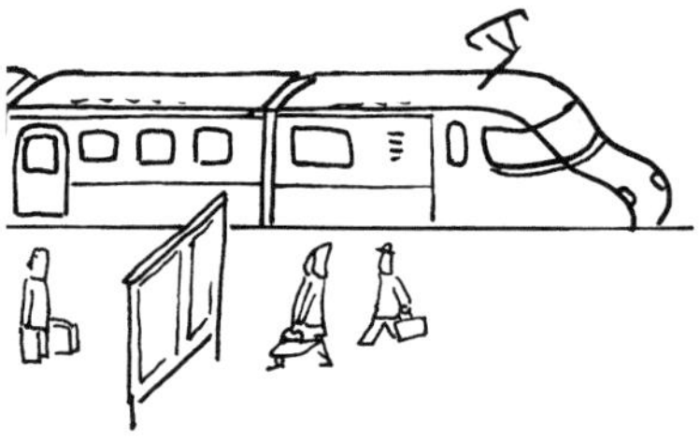

Rechnung 1: ______________________ Rechnung 2: ______________________

Es fahren weiter: __________________

3. Im Bahnhof Mainz steigen 7 Personen ein und 13 aus.

Rechnung 1: ______________________ Rechnung 2: ______________________

Infolge eines Stromausfalles bleibt der Zug mitten auf der Strecke stehen.
Der Lokführer bestellt einen Bus zum Weitertransport für die Fahrgäste.
Für wie viele Personen muss er das Fahrzeug bestellen?

Lösungszahlen:

81	60	66

Angelika Rehm/Dieter Rehm: Sachrechnen mit Bildern und Geschichten

Entfernungen (ZR 100)

9

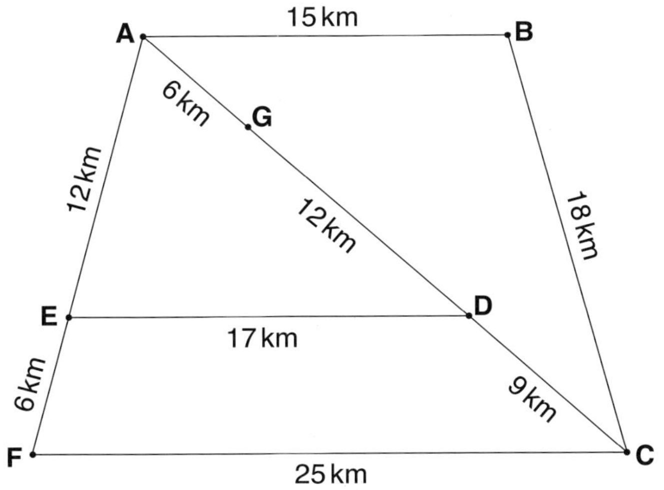

Lösungszahlen:

27	**38**	**81**	**27**	**43**	**44**	**43**

Rechne die Entfernungen aus. Schreibe deine Rechenschritte auf.

1. Fritz fährt mit seinem Fahrrad von **F** nach **B**.

   ___

2. Familie Käfer macht einen Ausflug. Sie fährt in **A** los. Am Nachmittag besucht sie Tante Olga in **E**. Sie übernachtet in **C**.

   ___

3. Herr Emsig wohnt in **E**. Er muss so schnell wie möglich nach **B**.
   Rechne die kürzeste Strecke aus.

   ___

4. Max, Heiner und Heike fahren mit ihren Fahrrädern los. Jedes Kind fährt 18 Kilometer, aber jeweils eine andere Strecke. Schreibe die Strecken auf:

   a) ___

   b) ___

   c) ___

5. Familie Überall zieht von **D** nach **B**. Der Umzugswagen fährt die Strecke dreimal.

   ___

6. Am Morgen fährt Hans in **B** los. In **C** trinkt er einen Kaffee; in **D** macht er Mittagspause. Pünktlich um 14 Uhr kommt er in **E** an.
   Am Abend fährt er auf dem kürzesten Weg nach **B** zurück.

   ___

   ___

Einmaleins mit dem Weihnachtsmann

10

1. Der Weihnachtsmann hat in seinem Sack 7 Geschenktüten. In jeder Tüte befinden sich unter anderem 3 Matchbox-Autos.

2. In Schneehausen sind drei Nikoläuse unterwegs. Jeder geht zu 8 Familien.
3. Zwei Kinder unterhalten sich: „Wir müssen noch 4 Nächte schlafen, dann ist Bescherung.“ Wie viele Nächte müssen vier Kinder noch schlafen?

1. Frage: ______________________________

   Fertige eine Zeichnung zur Aufgabe an:

   Rechnung: ______________________________

   Antwort: ______________________________

____

2. Frage: ______________________________

   Rechnung: ______________________________

   Antwort: ______________________________

____

3. Rechnung: ______________________________

   Antwort: ______________________________

Einmaleins mit dem Weihnachtsmann

1. In einer Straße stehen 25 Häuser. Die Stadtwerke bringen an jedem fünften Haus einen Leuchtstern an.

Frage: ____________________

____

Zeichnung:

Rechnung: ____________________

Antwort: ____________________

____

2. Herr Wipfelzwerg verkauft in diesem Jahr vier Reihen Weihnachtsbäume. Jede Reihe hat 9 Bäume.

Frage: ____________________

____

Zeichnung:

Rechnung: ____________________

Antwort: ____________________

____

In der Gärtnerei/Einmaleins-Tabellen 12

Gärtner Immergrün setzt Pflanzen in Reihen. Kannst du die Lücken füllen?

Beet	**A**	**B**	**C**	**D**	**E**	**F**
Pflanzen	**24**	**16**		**40**		**50**
Pflanzen in der Reihe	**3**		**4**	**5**	**6**	
Anzahl der Reihen		**2**	**9**		**4**	**10**

Wie sehen die Beete aus? Zeichne:

A

B

C

D

E

F

Einmaleins-Tabellen

13

1. Auf einem Parkplatz stehen zu verschiedenen Zeiten unterschiedlich viele Autos. Anhand der Räder kannst du errechnen, wie viele Fahrzeuge es jeweils sind.

Räder	**16**	**8**	**24**	**12**	**32**	**20**	**36**	**28**
Autos								

2. Frau Süßschnabel hat, wie kann es anders sein, ganz süße Kinder. Jeden Tag in der Woche kauft sie Tortenstücke zu je 2 Euro.

	Sie bezahlt	Stücke
Montag	14,–	
Dienstag	8,–	
Mittwoch	12,–	
Donnerstag	18,–	
Freitag	6,–	
Samstag	16,–	
Sonntag	20,–	

3.

Autos	**3**		**5**	**7**		**6**	**4**	
Räder		**24**			**8**			**36**

Esel		**2**	**7**			**4**	**6**	
Ohren	**10**			**18**	**6**			**16**

Wochen		**9**		**8**	**6**			**7**
Tage	**28**		**21**			**14**	**35**	

Das Holzzaun-Einmaleins

14

1. Zwischen den Pfosten (Feld) eines Holzzaunes sind jeweils 9 Bretter angebracht. Der gesamte Zaun besteht aus 7 Feldern.

   a) Zeichne den Zaun:

   b) Frage: ______________________________

   Rechnung: ______________________________

   Antwort: ______________________________

2. Peter benötigt für das Streichen der Vorderseite eines Feldes zwischen den Pfosten genau 10 Minuten.

   Frage: ______________________________

   Rechnung: ______________________________

   Antwort: ______________________________

3. Er streicht Vorder- und Rückseite.

   Frage: ______________________________

   Rechnung: ______________________________

   Antwort: ______________________________

4. Für das Streichen eines Feldes auf der Vorder- und Rückseite benötigt er eine halbe Dose Farbe.

   Frage: ______________________________

   Male die gebrauchten Dosen an.

   Zeichnung:

Von Fliesen und Eiern/Einmaleins

15

1. Herr Kleber bringt Fliesen an. Er klebt fünf Reihen grüne Fliesen zu je 8 Stück. Um alles fertig zu stellen, benötigt er die gleiche Menge schwarze Fliesen.

   a) Male die Fliesen in den entsprechenden Farben an.

   b) Frage: ______________________________

   Rechnung: ______________________________

   Antwort: ______________________________

2. Bei einer Fahrt auf einem Karussell drehen vier Kinder zusammen 6 Runden. Bei der nächsten Fahrt fahren acht Kinder.

   Frage: ______________________________

3. Bäuerin Gackack holt insgesamt 24 Eier aus dem Hühnerstall. Sie muss sie auf Eierkartons verteilen, in die jeweils sechs Stück passen.

   Zeichnung:

   Frage: ______________________________

   Rechnung: ______________________________

Angelika Rehm/Dieter Rehm: Sachrechnen mit Bildern und Geschichten

Da bleibt etwas übrig/ Aufgaben mit Rest/Einmaleins

16

1. In einer Schachtel liegen 20 Murmeln. Sie sollen unter drei Kindern so aufgeteilt werden, dass jeder gleich viele erhält.

   Rechnung: ______________________

2. 44 Nüsse sollen unter fünf Kindern aufgeteilt werden. Wie viele Nüsse bekommt jedes Kind?

   Rechnung: ______________________

3. An einen Gartentisch passen vier Stühle. Es gibt insgesamt 35 Stühle.

   Rechnung: ______________________

4. Peter hilft seiner Mutter im Gemüsegarten. Er hat 59 Kartoffeln und soll in acht Reihen je 7 Kartoffeln pflanzen.

   Rechnung: ______________________

5. Frau Spitznadel ist Schneiderin und näht Hemden. Für ein Hemd benötigt sie neun Knöpfe. Sie hat insgesamt 65 Knöpfe.

   Rechnung: ______________________

Angelika Rehm/Dieter Rehm: Sachrechnen mit Bildern und Geschichten

Familie Wunderlich/Relationen (ZR 100)

17

Bei Familie Wunderlich wohnen drei Altersgruppen im Haus: die Kinder, Vater und Mutter, die beiden Großmütter und Großväter. Auch gibt es noch Bello, den Hund.

Errechne das jeweilige Alter:

Das ist Mutter Elke Wunderlich. Sie ist eine geborene Schnatter.

Sie ist 36 Jahre alt.

Das ist Opa Fritz Wunderlich. Er ist doppelt so alt wie Elke Wunderlich.

Er ist ____ Jahre alt.

Der Vater von Elke Wunderlich, Ernst Schnatter, ist 5 Jahre jünger als Opa Wunderlich.

Er ist ____ Jahre alt.

Das ist Meike Wunderlich. Sie ist 6-mal jünger als ihr Vater.

Sie ist ____ Jahre alt.

Das ist Oma Else Wunderlich. Sie ist 9-mal älter als Meike.

Sie ist ____ Jahre alt.

Das ist Peter Wunderlich. Er ist 9-mal jünger als Mutter.

Er ist ____ Jahre alt.

Die Mutter von Elke Wunderlich, Sissi Schnatter, ist 4 Jahre älter als Oma Wunderlich.

Sie ist ____ Jahre alt.

Das ist Vater Franz Wunderlich. Er ist 6 Jahre älter als seine Frau.

Er ist ____ Jahre alt.

Das ist Bello Wunderlich. Er ist halb so alt wie Peter.

Er ist ____ Jahre alt.

Lösungszahlen:

67	2	63	7	67	42	4	72

Stammbaum der Familie Wunderlich

18

So *gehören* wir zusammen

1. Trage ein: Elke Wunderlich, Opa Wunderlich, Vater von Elke Wunderlich, Meike Wunderlich, Oma Wunderlich, Peter Wunderlich, Mutter von Elke Wunderlich, Franz Wunderlich
2. Schreibe das Alter der Personen dazu.

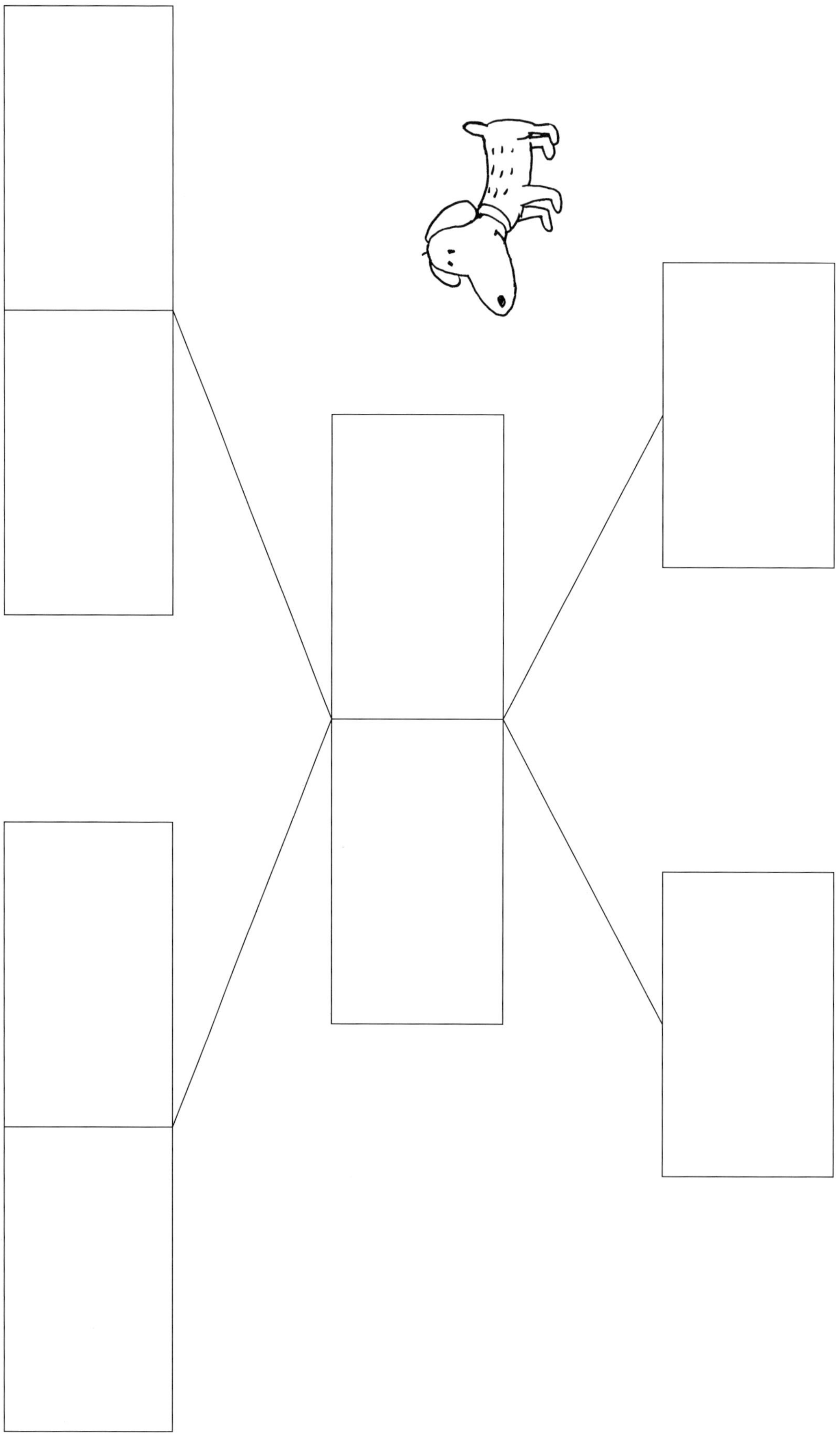

Einmaleins-Aufgaben in zwei Schritten (ZR 100)

19

Löse die folgenden Aufgaben in zwei Schritten:

1. Lukas, der Lokführer, fährt 4-mal in der Woche je 7 Stunden; am Freitag fährt er nur 5 Stunden.

   Rechnung 1: ____________________ Rechnung 2: ____________________

2. Frau Kränklich hat ein Rückenleiden. Während einer Kur muss sie täglich zwei Stunden schwimmen. Die Kur dauert 3 Wochen.

   Rechnung 1: ____________________ Rechnung 2: ____________________

3. Bei einer 4-tägigen Wanderung schafft ein Wanderer an drei Tagen jeweils 24 Kilometer. Am 4. Tag ist er schon recht müde, und so läuft er nur 16 Kilometer.

   Rechnung 1: ____________________ Rechnung 2: ____________________

4. Ein hart gekochtes Ei braucht 7 Minuten Kochzeit. Wie viel Zeit brauchen 8 Eier, wenn sie gleichzeitig ins Wasser gelegt werden?

   Rechnung 1: ____________________ Rechnung 2: ____________________

5. Lisa hat 3 Wochen Ferien. Da sie ein sehr fleißiges Mädchen ist, schreibt sie jeden Tag freiwillig zwei Sätze in ihr Übungsheft.

   Rechnung 1: ____________________ Rechnung 2: ____________________

6. Hans Sparfuchs legt von seinem Taschengeld jede Woche 2 Euro zurück. Nach acht Monaten möchte er sich ein gebrauchtes Fahrrad für 60 Euro kaufen. Geht das?

   Rechnung 1: ____________________ Rechnung 2: ____________________

7. Ute hat es erwischt. Sie hustet und hustet und hustet. Der Arzt hat Bettruhe angeordnet. Sie muss 3-mal täglich 2 Löffel Hustensaft einnehmen. Und das vier Tage lang.

   Rechnung 1: ____________________ Rechnung 2: ____________________

Rechenoperationen erkennen 20

1. Finde heraus, wie du rechnen musst. Setze die Kästchen ein.

   [·], [:], [+], [−] oder [:][−], [·][·]

2. Schreibe die passenden Rechnungen zu den entsprechenden Aufgaben.

   $48 + 8 =$

   $48 : 2 - 8 =$

   $3 \cdot 8 \cdot 2 =$

   $48 : 6 =$

   $6 \cdot 8 =$

   $48 - 8 =$

   a) Herr Musikus hat 48 CDs im Schrank. Er kauft sich noch 8 dazu.

   ____

   b) In einer Tüte sind 48 Gummibärchen. Lisa „verputzt“ 8.

   ____

   c) Gärtner Blattgrün pflanzt in seiner Baumschule 48 Obstbäume. Er setzt jeweils 6 in eine Reihe.

   ____

   d) Herr Fleißig arbeitet von Montag bis einschließlich Samstag jeweils 8 Stunden am Tag.

   ____

   e) Frau Überfreundlich ist 48 Jahre alt. Wenn du das Alter von Tochter Hanni wissen willst, musst du von der Hälfte des Alters von Frau Überfreundlich 8 Jahre abziehen.

   ____

   f) Von der Firma Pfusch werden an einem Hochhaus Fenster gesetzt. 3 Monteure setzen bis zum Mittag jeweils 8 Fenster. Bis zum Abend schaffen sie die doppelte Anzahl von Fenstern.

   ____

Grundrechenarten (ZR 100)

21

An einem großen See herrscht lebhafter Ausflugsverkehr. Natürlich studieren die Gäste zunächst einmal im Hafen die Preislisten, die so aussehen:

Ziel	Preis für Hin- und Rückfahrt	
	Erwachsene pro Person	Kinder pro Person
Entenhafen	4,– €	2,– €
Schwanenbucht	6,– €	3,– €
Tagesrundfahrt	12,– €	6,– €

Kreuze an:

1. Anja und Henning fahren zur Schwanenbucht. Den Vater laden sie auch dazu ein und ihren Hund nehmen sie ebenfalls noch mit.

   Frage: ______________________________

   Rechnung: ______________________________

   Antwort: ______________________________

   13 € ☐
   12 € ☐
   16 € ☐

2. Frau und Herr Nett laden die Oma anlässlich ihres Geburtstages zu einer Schiffsfahrt ein. Die drei Enkelkinder sollen natürlich mit an Bord.

   a) Wie viel zahlen Netts für eine Tagesrundfahrt?

   44 € ☐
   55 € ☐
   54 € ☐

   Rechnung: ______________________________

   Antwort: ______________________________

   b) Wie alt wird die Oma? ______________________________

   65 ☐
   62 ☐

3. Das Ehepaar Freundlich nimmt seine beiden Kinder und noch drei Nachbarskinder zu einem Ausflug nach Entenhafen mit.

   Frage: ______________________________

   Rechnung: ______________________________

   Antwort: ______________________________

   18 € ☐
   28 € ☐
   16 € ☐

4. Frau Pauk, die Lehrerin, lädt in den Ferien alle Kinder ihrer Klasse, die nicht weggefahren sind, zu einem Tagesausflug ein. Sie bezahlt für die Kinder zusammen 54 Euro.

a) Wie viele Kinder nehmen an der Fahrt teil?

Rechnung: ______________________

Antwort: ______________________

____

Kreuze an:

8	
9	
7	

b) Wie hoch sind die Fahrtkosten insgesamt?

Rechnung: ______________________

Antwort: ______________________

____

67 €	
66 €	
56 €	

5. Auf dem Schiff gibt es einen Kiosk.

Kati und Klaus kaufen sich je eine Waffel. € ________

Miriam und Sarah holen sich je eine Tüte Eis. € ________

Mike, Peter, Silke und Tobias kaufen sich je eine Portion Fritten. € ________

Mike lädt alle Kinder ein. Er bezahlt mit einen 20-Euro-Schein

Frage: ______________________

Rechnung: ______________________

Antwort: ______________________

16 €	
9 €	
8 €	

6. Der Kapitän des Schiffes wohnt in Dreistadt in der Wasserstraße 17. Er hat am 31. Februar Geburtstag. Wie alt wird er?

Rechnung: ______________________

Antwort: ______________________

____

48	
K	
51	

Textaufgaben

T1

ZR 100/Addition

Auf einer Leine sind 18 grüne und 29 rote Wäscheklammern.

Von den Häusern in einer Straße haben 27 ein rotes und 41 ein graues Dach.

Jürgen sammelt Bilder von Fußballern. 53 hat er schon. Die Oma schenkt ihm zum Geburtstag noch 24 dazu.

Heute läuft ein spannender Film. Inka schaut schon seit 48 Minuten. Nach nochmals 45 Minuten soll der Film zu Ende sein.

Elke spart ganz eisern für einen CD-Player. Sie hat bereits 57 Euro und benötigt noch 41 Euro.

Ein Gesangsverein hat 35 Sänger. Bei einem gemeinsamen Freundschaftssingen kommt der Chor aus dem Nachbardorf mit 43 Sängern hinzu.

Dr. Heilsam behandelt morgens 29 Patienten, nachmittags 32.

Am Montag und am Dienstag scheint die Sonne jeweils für 7 Stunden. Am Mittwoch 6 Stunden.

Moderator Hipphopp macht im Radio eine Schlagersendung. Von 9 bis 10 Uhr spielt er 19 Schlager, von 10 bis 11 Uhr stellt er 25 vor und von 11 bis 12 Uhr spielt er 22.

ZR 100/Subtraktion

Martin ist eine richtige Leseratte. Gestern hat er ein Buch bis Seite 28 gelesen, heute ist er bei Seite 63.

In ein Foto-Album passen 44 Bilder. Wenn noch 17 eingeklebt werden, ist es voll.

In einer Straße stehen 81 Autos. Davon sind 69 richtig geparkt.

Herr Geizig hat eingekauft. Er hatte 57 Euro in der Geldbörse. Jetzt besitzt er noch 19 Euro.

Textaufgaben

T2

Ein Fliesenleger verlegt in einer Stunde 72 Fliesen. Sein Kollege schafft nur 56.

Um 3 Tore an der Torwand zu erzielen schießt Jörg 39-mal. Klaus benötigt 24 Versuche.

Der Parkplatz des Supermarktes Billigland hat 96 Stellplätze. 63 davon sind belegt.

Ein Esel hat einen Sack mit 47 kg auf dem Buckel. Ein anderer 29 kg. Sagt der Erste: „So leicht möchte ich auch mal durchs Leben traben."

Auf einem Fabrikgelände stehen zwei Schornsteine. Einer ist 43 Meter hoch, der andere ist 34 Meter hoch.

62 Igel halten Winterschlaf. 48 Schnarchen nicht.

Eine Treppe hat 86 Stufen. Herr Keuch hat noch 39 Stufen vor sich.

Bauer Piepenbrink hat 94 Salatköpfe gepflanzt. Voller Freude will er ernten.
Doch ein paar Hasen hatten vorher noch mehr Freude bei einigen kräftigen Mahlzeiten.
Bauer Piepenbrink zählt traurig nur noch 26 Salatköpfe.

47 Schnecken begeben sich zu einem Wettbewerb für Fertighäuser. Davon machen unterwegs 19 schlapp.

ZR 100/Multiplikation

Bei einem Rennen mit Ruderbooten fahren 8 Boote. In jedem sitzen 4 Ruderer.

In einem Paket sind 6 Stück Profilbretter. Herr Pfiffig braucht für eine Zimmerwand 9 Pakete.

Eine Kiste Mineralwasser enthält 8 Flaschen. Für ein großes Fest werden 7 Kisten gekauft.

Auf einer Wäscheleine hängen 13 Paar Socken. Wie viele Wäscheklammern benötigt Florian?

Frau Schnupfig kauft 5 Pakete Papiertaschentücher. In jedem Paket befinden sich 10 Stück.

Textaufgaben

T3

In einem Beutel sind 7 Äpfel. Obsthändler Frischmann hat sieben Beutel vorrätig.

Opa Zipperlein muss Tabletten einnehmen. Eine Woche lang nimmt er täglich 3 Stück ein.

In einer Eierschachtel sind 6 Eier. Bauer Dotter verkauft 7 Schachteln.

Kleingärtner Schreb hat 5 Hasenställe mit je 3 Hasen. Zum Geburtstag schenkt er einem Freund zwei Hasen.

In der Klasse 2a sitzen immer 4 Kinder an einer Tischgruppe. Im Klassenzimmer sind 6 Tischgruppen.

Uwe baut fünf 4er-Türme. Kai baut zwei 9er-Türme. Wer benötigt mehr Steckwürfel?

Mutter ist in den verdienten Urlaub gefahren. Vater hängt 9 Unterhemden auf.
Für ein Hemd braucht er 2 Wäscheklammern.

Oma Lieblieb kauft 3 Packungen Wachsmalstifte für ihre zappeligen Enkel, damit diese endlich mal einer ruhigen Beschäftigung nachgehen. In jeder Packung sind 8 Stück.

Ein Hochhaus hat acht Stockwerke. Auf jedem Stockwerk befinden sich 4 Wohnungen.

Fliesenleger Steinzeug verlegt im Bad Fliesen. Für eine Reihe braucht er neun Stück.
Er muss 8 Reihen verlegen.

Felix war zwei Wochen im Urlaub. Wie viele Tage war er fort?

Max hat in einer Spardose sieben 2-Euro-Stücke und einen 20-Euro-Schein.

Das Vierfache einer Zahl ist fast so groß wie 30.

Textaufgaben

T4

ZR 100/Division

Stefan baut mit 16 Klötzchen Türme. Ein Turm besteht aus vier Klötzchen.

Fünf Kinder spielen Karten. Angela verteilt 20 Karten gleichmäßig.

Frau Zimmerschön hat 21 Blumenpflanzen gekauft. Je 3 setzt sie in einen Blumentopf.

Herr Harke setzt in seinem Garten 54 Salatpflanzen in 6 Reihen.

Bäuerin Jonathan pflanzt 28 Apfelbäume. Immer vier Bäume passen in eine Reihe.

In der Klasse 2b sind 28 Kinder. Die Klasse soll in 4 Gruppen eingeteilt werden.

Khaled, Nicole und Fritz haben zusammen 27 Murmeln. Jeder soll gleich viel bekommen.

Peter hat 24 Streichhölzer.

a) Wie viele Quadrate kann er legen?

b) Wie viele Dreiecke?

Vor der Geisterbahn warten 42 Personen. Jeder Wagen hat für 6 Personen Platz.

Petra ist krank. Sie muss täglich 4 Tabletten nehmen. In der Packung sind 36 Stück.

Erich klebt Ferienbilder in sein Album. Er hat 48 Bilder. Auf jede Seite passen 6 Stück.

Die Marktfrau verpackt 32 Orangen. Immer vier Stück gehen in ein Netz.

Herr Sägezahn hat eine 36 cm lange Holzleiste. Er schneidet 6-cm-Stücke ab.

An einer Wäscheleine hängen 19 einzelne Socken. Wie viele Paare sind es?

In den Sommerferien verreiste Jürgen 28 Tage. Wie viele Wochen waren das?

In einem Betrieb wird Tag und Nacht durchgearbeitet. Eine Schicht dauert 8 Stunden.

Textaufgaben

T5

Hausmeister Putz verlegt im Bad Fliesen.

a) Insgesamt verlegt er 72 Stück. Für eine Reihe braucht er acht Stück.

b) Für das nächste Bad hat er 82 Fliesen gekauft. Für eine Reihe benötigt er 9 Stück. Insgesamt verlegt er neun Reihen. Reichen die Fliesen?

Marvin hat zu seinem Geburtstag 5 Freunde eingeladen. Seine Mutter kauft für jedes Kind 2 kleine Grillwürstchen. Leider können zwei Kinder nicht kommen. Wie viele Würstchen könnte jedes Kind nun essen?

Tanja hat Bonbons in einer Tüte. Es sind weniger als 50, aber mehr als 40. Sie verteilt die Bonbons an 6 Kinder. Zwei Bonbons bleiben übrig.

Wenn du das Dreifache von 8 durch 6 teilst, weißt du wie alt Kathrin ist.

ZR 100/Kapitänsaufgaben

In einem Aquarium schwimmen 49 blaue Fische. Davon sind 15 rot.

Die Strecke von A nach B beträgt 32 Kilometer. Von B nach A ist sie 24 Kilometer lang.

Als zwei Reiter am Hof vorbeireiten, bellt Pluto 4-mal. Später traben noch fünf Reiter vorbei.

Mutter rührt einen Kuchenteig an. Sie rührt 20-mal rechts herum und 16-mal links herum. Wie viele Stücke Kuchen bekommt jedes von vier Kindern?

In einer Jugendherberge übernachten 16 Kinder. Die Morgenglocke läutet um 7 Uhr zweimal. 6 Kinder wachen davon auf. Um 7.15 Uhr läutet die Glocke dreimal.

Unterrichtshinweise und Lösungen

Erstes Schuljahr:

AB 1: Bei diesem Arbeitsblatt können die Schüler schon kleine Rechengeschichten erzählen.

Beispiel: Mutter hat 5 Salatköpfe im Garten. 3 Köpfe wurden bereits geerntet ...

Auf den Gehwegplatten sind die passenden Aufgaben zu suchen und der entsprechenden Lösungszahl zuzuordnen.

6 + 4 = Tomaten
5 + 5 = Tomaten
5 – 3 = Salatköpfe
2 + 3 + 4 = Zucchinis
6 + 2 = Salatsetzlinge

AB 2: Hier sollen Rechengeschichten erzählt und daraus Aufgaben entwickelt werden.

Beispiel: Es hängen 7 Äpfel am Baum; 3 Äpfel liegen am Boden. Im Korb sind schon 3 Äpfel. Das Mädchen hat einen Apfel gegessen. Zusammen waren es (abzählen oder Kettenaufgabe) 14 Äpfel.

AB 3: Für Leser kann dieses Arbeitsblatt ausgeteilt werden. Als Lernzielkontrolle werden die Felder mit den richtigen Lösungen angemalt.

AB 4: Bei diesem Bild können die Schüler/-innen einiges an Vorwissen einbringen. Es werden eigene Erlebnisse mit Tieren geschildert. Im Deutschunterricht ist es möglich, die Tiernamen dazuschreiben zu lassen. Unterscheidungen zwischen Haus-, Hof- und Zootieren bieten sich im Sachunterricht an.

Fragen für Schlauberger:

1. Bauer Weizenkorn ist sauer. Letzte Woche hatte er noch 20 Hühner. Was ist passiert?
2. 7 Hühner brauchen einen Hahn. Stimmt das Bild?
3. Die Hühner legen fast jeden Tag ein Ei. Heute waren es 12 Eier.
4. Katze Schnurr hat schon 6 Mäuse gefangen. Wie viele Mäuse waren es ursprünglich?
5. Ein Hahn hat in einer Woche 3 Eier gelegt. An wie vielen Tagen legte er kein Ei?

Lösungen:
1. **20 – 6 = 14**
2. **7 + 7 = 14**
3. **14 – 12 = 2**
4. **6 + 9 = 15**
5. Kapitänsaufgabe

AB 5: Anhand dieses Arbeitsblattes können die Umkehraufgaben erarbeitet werden.

Beispiel Bild 1: **5 – 3 = 2**, denn **2 + 3 = 5**

Die Kästchen werden wie folgt bearbeitet:

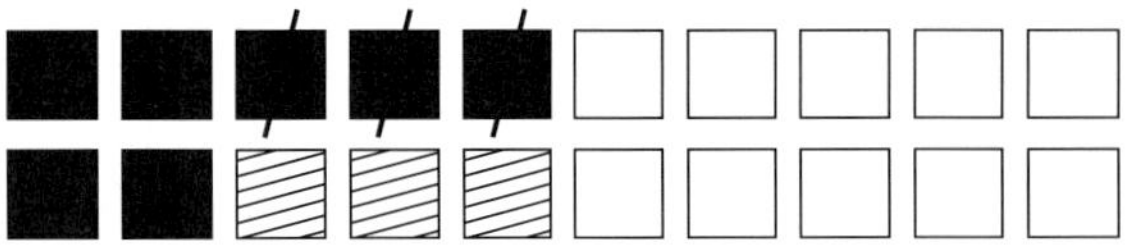

Zur Differenzierung oder für die Gruppenarbeit können nachfolgende Aufgaben vergrößert ausgeteilt werden.

Unterrichtshinweise und Lösungen

1. Male die Geschichten.
2. Male die Kästchen entsprechend der Aufgabe aus.

1. Mutter hat in der Schale 6 Äpfel. Fritz isst 2 Äpfel.

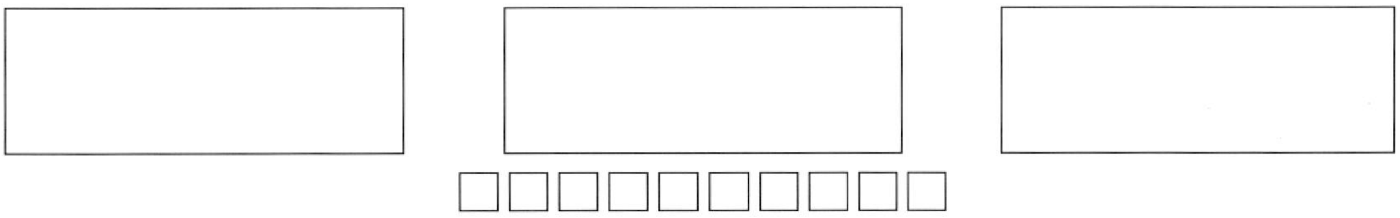

2. In einer Vase sind 4 Blumen. Karin steckt noch 2 dazu.

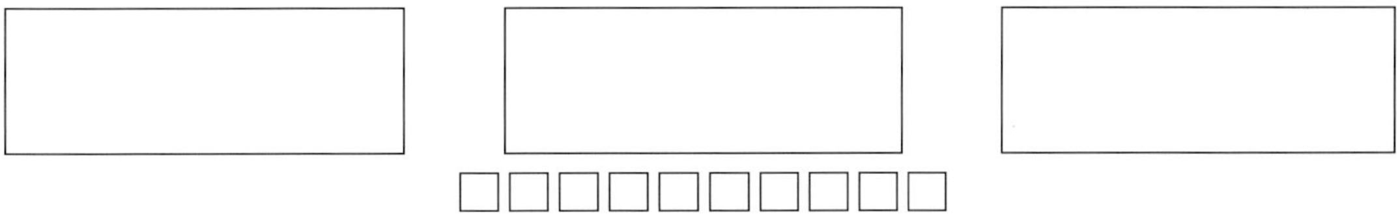

AB 6: Dieses Arbeitsblatt wird wie **AB 5** bearbeitet. Die Rechnungen können ggfs. dazugeschrieben werden.

AB 7: Anhand von Bonbons können unterschiedliche Aufgaben demonstriert werden (z. B. Bonbons kaufen, essen, verschenken, geschenkt bekommen). Die Schüler/-innen setzen die Zahlen ein und schreiben die Rechnungen auf. Zeichnerisch werden die Bilder fertig gestellt:

1. 3 Bonbons durchstreichen
2. 3 Törtchen dazumalen
3. 3 Perlen dazuzeichnen
4. 3 Striche oder Autos dazuzeichnen
5. 2 Eier streichen
6. 2 Rennwagen neben der Fahrbahn markieren

AB 8: Als Einstieg bietet es sich an, eine Dartscheibe an die Tafel zu zeichnen. Zur Differenzierung können auch höhere Punktzahlen verwendet werden.

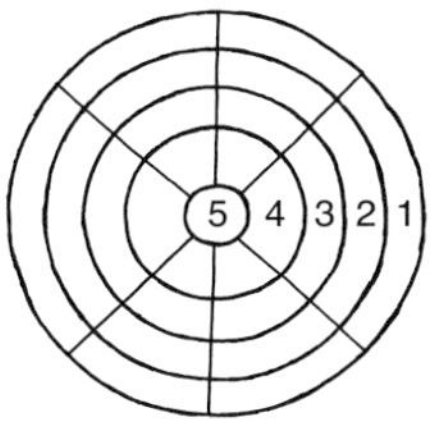

Eine Aufgabe kann vom Lehrer gestellt werden. Zum Beispiel: Peter wirft auf die Scheibe. Er trifft die 5, die 2 und die 1.
Die Rechnung wird danach am Zahlenstrahl gelöst:

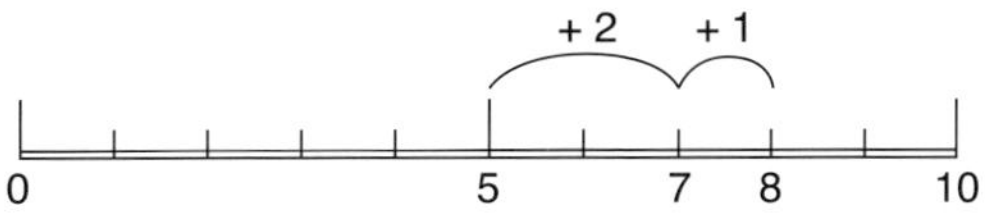

Peter hat 8 Punkte.

Auf diesem Arbeitsblatt werden unterschiedliche Angaben gemacht. Die Schüler/-innen tragen/zeichnen die fehlenden Angaben ein.

AB 9/10: Die Kärtchen werden ausgeschnitten. Richtig gelöst sind die Aufgaben, wenn alle Bilder angelegt wurden.
Bevor das Domino gelegt wird, kann den Schülern die Aufgabe gestellt werden: Ordnet die Bilder nach Plus- und Minusaufgaben.

Unterrichtshinweise und Lösungen

Lösung AB 9 + 10:

Anfang 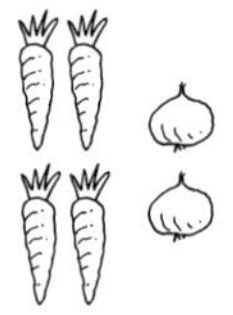	4 + 2 =		3 + 6 =		6 – 1 =
	6 + 2 =		9 – 2 =		2 + 3 =
	10 – 2 =	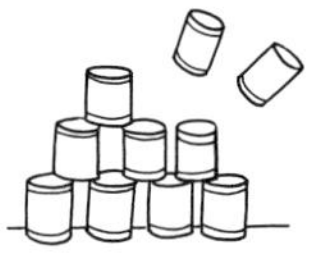	7 – 4 =		7 + 2 =
	5 + 4 =	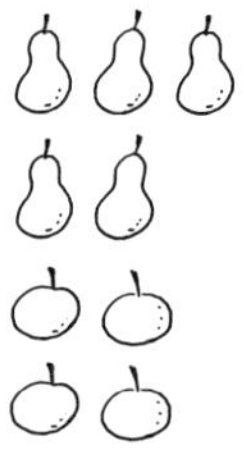	5 – 2 =		4 – 2 =
	8 + 2 =		9 + 1 =		4 – 1 =
	Ende				

Unterrichtshinweise und Lösungen

AB 11/12: Zunächst werden die Bildkärtchen ausgeschnitten. Die Schüler/-innen lesen die Aufgaben und schreiben das Ergebnis zum Text. Wenn alle Aufgaben gelöst sind, legen die Kinder die Bildkärtchen mit der passenden Lösung auf den Text und kleben sie fest.

Lösung AB 11:

Lösung AB 12:

AB 13: Einführung des Zahlenstrahls im Zahlenraum bis 20. Einstiegsmöglichkeiten zu **AB 13**: Anstelle von Dosen werden Pappbecher aufgebaut. Mit einem Radiergummi werden die Dosen abgeworfen und verschiedene Aufgaben damit durchgeführt: nur ein Wurf (z. B.: **15 – 6**); zwei Würfe (z. B.: **15 – 2 – 5**); drei Würfe (z. B.: **15 – 2 – 1 – 4**) usw.

AB 14: Die Schüler können auch andere Aussagen als die der Sprechblasen-Texte treffen.

Beispiele: Bild 1 – Wie viele Bauklötze brauche ich noch für den zweiten Turm, damit er gleich hoch ist wie der erste?

Oder: Für den nächsten Turm brauche ich nur drei Klötze.

Bild 2 – Passen 11 Kerzen auf die Torte?

Oder: Wie viele Kerzen muss ich noch aufstellen? Usw.

Bei den Bildern 3 und 4 können in Gruppenarbeit unterschiedliche Aussagen zusammengetragen werden.

AB 15: Folgende Arbeitschritte haben die Kinder zu bewältigen:
a) Lesen der Sachaufgaben; b) abzählen; Zahlen eintragen; c) Rechnungen aufschreiben; d) Ergebnisse eintragen; e) Bilder ergänzen bzw. durchstreichen; f) Selbstkontrolle.

Unterrichtshinweise und Lösungen

AB 16/17: Einstiegsmöglichkeit: Der Lehrer erzählt entsprechend der Aufgaben des Arbeitsblattes eine Geschichte. Die Schüler versuchen, mit Spielfiguren oder Plättchen die Aufgaben nachzustellen:

Der Zug fährt ab. Im Zug sitzen acht Fahrgäste. Bis zum nächsten Halt dauert es 15 Minuten. Frau und Herr Schnell haben es eilig. Sie können es kaum erwarten, bis der Zug hält, denn sie sehen heute zum ersten Mal ihr Enkelkind.
Das Ehepaar Schnell steigt aus. Drei Personen steigen ein. Nun geht die Fahrt weiter. Der Zug hat etwas Verspätung.
Am nächsten Bahnhof warten schon vier Kinder, die jeden Tag mit dem Zug zur Schule fahren. Zwei Leute steigen aus. Und weiter geht's! Nach 30 Minuten erreicht der Zug die nächste Station.
Wie viele Fahrgäste sind noch im Zug?

Danach wird **AB 16** besprochen: Bahnhof B: (8 – 2) + 3 = **9**; Bahnhof C: (**9** – 2) + 4 = 11

Bei dem darauf folgenden **AB 17** sollen die Schüler selbst die Männchen oder die Punkte zeichnen. Die Geschichte kann in kurzen Sätzen aufgeschrieben werden.

AB 18: Einführung offener Zahlenstrahl:

- Die Schüler lesen den Text von **AB 18** Nr. 1.
- Sie formulieren die Frage.
- Die Aufgabe wird am Zahlenstrahl wie folgt gelöst:
  Die Schüler tragen die Zahl >18< am Zahlenstrahl ein. Die Position wird geschätzt. Danach zeichnen sie den Bogen –9 (ungefähr), zum Schluss den Bogen +6.

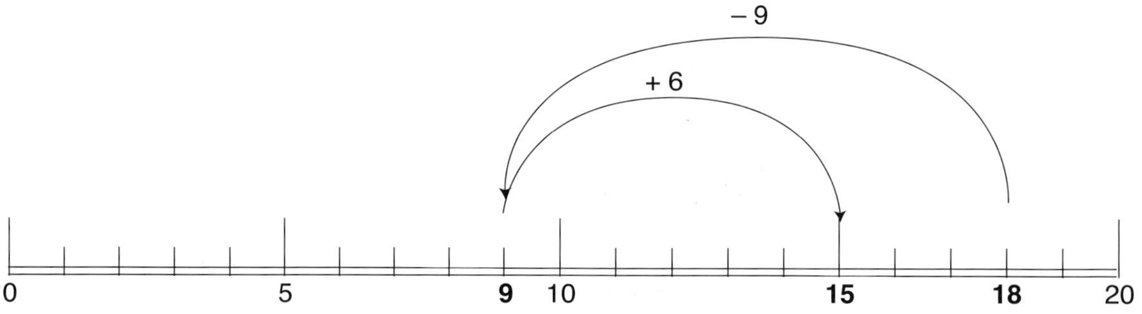

- Die Rechnung wird aufgeschrieben.
- Punkte werden als Personen in die Wagen gezeichnet.

Bei Nr. 2 wird ebenso verfahren. Die Schwierigkeit für die Kinder besteht bei dieser Aufgabe darin, dass sie von dem Ergebnis der Aufgabe Nr. 1 ausgehen müssen.

AB 19/20: Einstiegsmöglichkeit: Verschiedene Spielsachen werden ausgebreitet. Preiskärtchen werden mit den Schüler/-innen besprochen und dazugestellt sowie Spielgeld bereitgelegt. Verschiedene Rechengeschichten werden von den Kindern erdacht und formuliert.
Eine weitere Möglichkeit: Die Geschichten werden gespielt.
Die Schüler/-innen tragen bei den einzelnen Aufgaben zuerst die Preis für die einzelnen Spielsachen ein. Danach können sie aufgrund der bekannten Zahlen die Rechnungen von **AB 20** (unten) herausfinden.

Unterrichtshinweise und Lösungen

AB 21/22: Bei diesen Aufgaben soll den Schülerinnen und Schülern bewusst gemacht werden, dass eine Aufgabe manchmal mit Hilfe einer kleinen Skizze einfacher zu lösen ist. Nachdem die Schüler/-innen den Text gelesen haben, zeichnen sie die Aufgabe.

Nr. 1 von **AB 22** könnte an die Tafel gezeichnet werden. Der Text wird vorgelesen.
An diesem Beispiel wird sehr deutlich, dass die Aufgabe nur schwer zu lösen ist, wenn man sie nicht veranschaulicht.
Lösung AB 22/1 a.B:

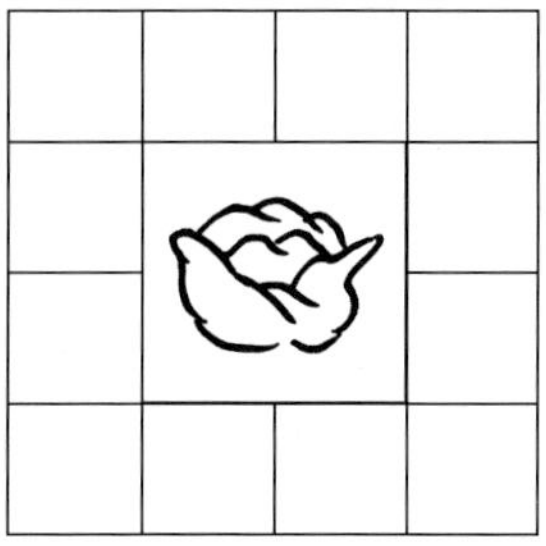

Bei Nr. 2 **AB 22** sollte den Schülern/-innen klar sein, dass Schindeln versetzt angebracht werden.

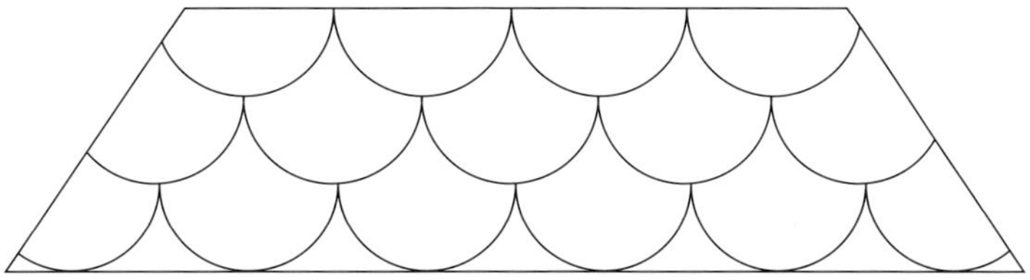

AB 23–27: Wochenheft auf dem Parkplatz
Die Arbeitsblätter 23 – 27 werden kopiert und an den gestrichelten Linien auseinander geschnitten. Die halbierten Blätter werden der Reihenfolge entsprechend aufeinander gelegt (Deckblatt – Arbeitsaufträge) und oben links getackert.

Am Montag wird mit der ersten Aufgabe begonnen. Die Samstag-/Sonntagaufgabe und die Nr. 8 werden als Hausaufgabe über das Wochenende aufgegeben.
Die Sonntags-Rechengeschichte ist eine Kapitänsaufgabe.
Die Schüler/-innen bringen von zu Hause kleine Spielzeugautos mit, sodass die Rechengeschichten nachgestellt werden können. Als Einstieg können eigene Aufgaben erfunden, gespielt und verbalisiert werden.
Die Schüler/-innen werden zunächst verwundert sein, das bei Nr. 6 kein Parkplatz gezeichnet wurde, sondern stattdessen ein Zahlenstrahl. Sie finden jedoch schnell heraus, dass die Aufgabe mit dem ganzen „Hin und Her" verwirrend und wenig übersichtlich darzustellen wäre.
Ob Autos, Kreuzchen, Punkte usw. gezeichnet werden, bleibt den Kindern überlassen.
Einige benutzen Pfeilbilder, andere stellen die Autos so auf, dass zu erkennen ist, ob sie hinzukommen oder wegfahren.

Beispiel: Nr. 5

a)

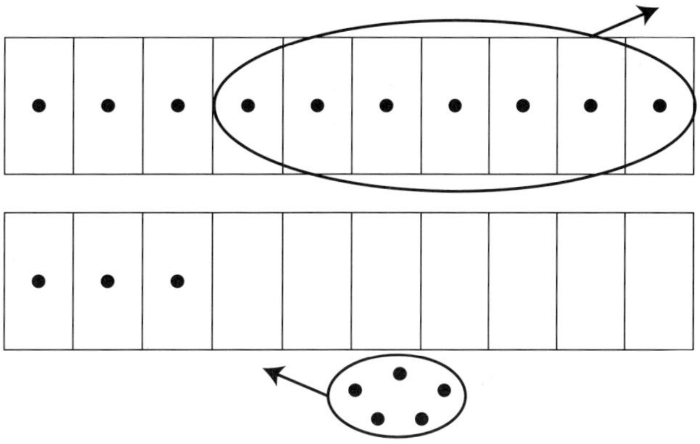

b) oder

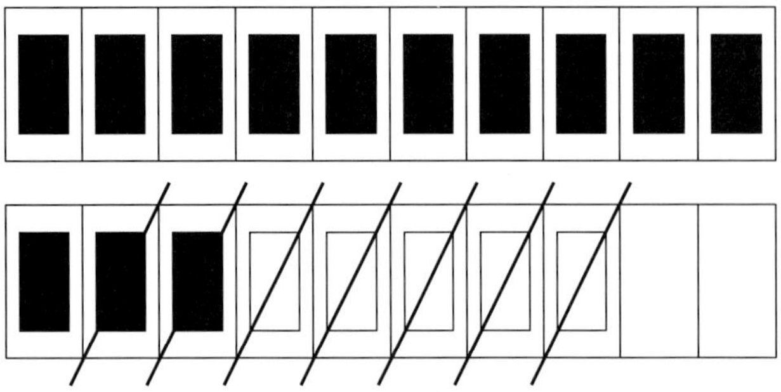

c) oder

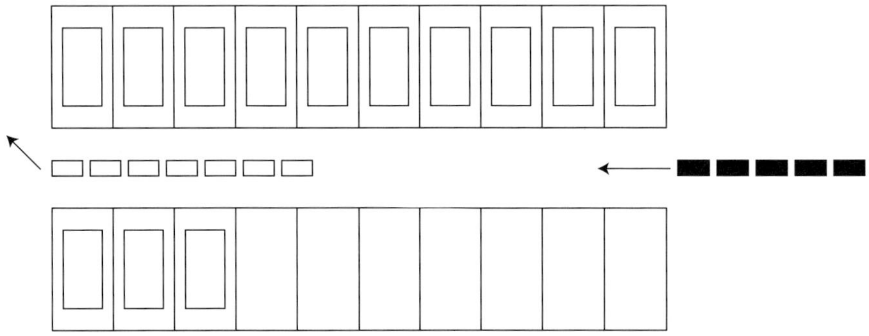

AB 28–31: Wochenheft Gummibärchenwoche

Bei diesen Arbeitsblättern wird ebenso wie bei den Parkplatz-Aufgaben verfahren. Herauszufinden ist, wie viele Gummibärchen jeden Tag übernachten. Die einzelnen Aufgaben können mit Figuren z. B. bei der Gruppenarbeit nachgespielt werden. Die Rechnungen werden am Zahlenstrahl demonstriert.

Auf dem letzten Blatt wird zum Schluss die Tabelle ausgefüllt. Wichtig ist, dass die Schüler/-innen erkennen, dass die Ausgangszahl bei einer Aufgabe die Übernachtungszahl vom Vortag ist.

Lösungen: 1.

$5 + 7 = 12$

$12 + 6 - 9 = 9$

$9 + 8 + 2 = 19$

$19 - 7 - 4 - 4 = 4$ oder $19 - 15 = 4$

$4 + 11 - 2 = 13$

$13 + 5 + 2 - 8 - 4 = 8$

a) $8 - 8 = 0$

b) Kapitänsaufgabe

Die Gummibärchen können entsprechend der Aufgabe mit verschiedenen Farben angemalt oder durchgestrichen werden.

Belegungsplan Übernachtungen

Tag	Mo	Di	Mi	Do	Fr	Sa	So
Anzahl	12	9	19	4	13	8	0

AB 32–34: Das Zoobild wird besprochen. Die Schüler/-innen überlegen eigene Rechengeschichten. Die Schüler/-innen lesen die Sachaufgaben von **AB 33** und lösen die Aufgaben mit Frage, Rechnung, Antwort (**AB 33/34**). Die Aufgaben werden auf mehrere Tage verteilt.

Bei leistungsschwächeren Schülern und Schülerinnen sollte man ggf. die Anzahl der Aufgaben reduzieren.

Unterrichtshinweise und Lösungen

Lösungen zu **AB 33**

1. **4 + 5 = 9**
2. **8 + 5 = 13**
3. **2 + 7 = 9**
4. **19 – 16 = 3**
5. **2 + 9 = 11**
6. **7 + 6 = 13**
7. **10 + 4 = 14**
8. **8 + 3 = 11**
9. **2 + 3 = 5**
10. **6 + 4 = 10**
11. Kapitänsaufgabe
12. **4 + 4 + 4 + 4 + 4 = 20**
13. Kapitänsaufgabe

AB 35/36: Einstieg: Der Lehrer schreibt nachfolgende Sätze (ohne Klammern) an die Tafel oder auf Folie:

Beispiel: a) **AB 35**

(Heute ist ein wunderschöner Herbsttag.) (Bauer Roggenstroh ist mit seinem roten Traktor unterwegs.) Auf dem Stoppelfeld liegen 15 Strohballen. Der Bauer fährt davon 6 Ballen in seine Scheune. (Die Pferde wiehern vor Freude.)

Die Schüler/-innen versuchen nun herauszufinden, welche Sätze für eine Rechengeschichte wichtig und welche unwichtig sind. Die unwichtigen Sätze werden durchgestrichen.
Bei den Aufgaben von **AB 36** wird ebenso verfahren. Die Schüler/-innen streichen die unwichtigen Sätze durch.
Die Rechnungen können ggf. zu den Aufgaben geschrieben werden:

a) **15 – 6 = 9**
c) **11 – 4 = 7**
b) **7 + 6 = 13**
d) **14 – 8 = 6**
e) **5 + 5 + 5 + 5 = 20**
f) **2 + 2 + 2 + 2 + 2 = 10**

AB 37: Bevor die Bilder und Zahlenkärtchen ausgeschnitten werden, werden die Rechengeschichten besprochen. Danach werden die ausgeschnittenen Kärtchen mit der Bild- bzw. Zahlenseite umgedreht ausgelegt, gemischt und auf dem Tisch verteilt. Abwechselnd werden immer zwei Kärtchen aufgedeckt. Hat ein Kind ein passendes Paar (Bild + Zahlenkärtchen), wird diese Kombination beiseite gelegt.
Gewonnen hat der Spieler, der die meisten Paare besitzt.

AB 38: Anleitung siehe Rechen-Puzzle **AB 11.**

Lösung:

Unterrichtshinweise und Lösungen

AB 39: Einstiegsmöglichkeit: Den Schülern und Schülerinnen werden 3 Zahlenkärtchen gezeigt:

7 4 3

Aus diesen drei Zahlen bilden die Schüler/-innen eine Aufgabe und versuchen dazu eine Rechengeschichte zu erfinden.

Beispiel: *3 Kaninchen sitzen im Stall. 4 Kaninchen fressen Gras auf der Wiese.*
3 + 4 = 7
oder:
7 Kaninchen fressen Gras auf der Wiese. Als sie einen Hund sehen, hoppeln 4 Kaninchen weg.
7 – 4 = 3

Die Schüler/-innen schreiben die Geschichte auf und zeichnen oder malen sie. Die Aufgabe wird nach dem Schema: Frage – Rechnung – Anwort gelöst und am Zahlenstrahl ausgeführt.

AB 40/41: Die einzelnen Sachaufgaben im Anhang (Blätter 1 – 6) können in die Textfelder geklebt und auf unterschiedliche Weise bearbeitet werden.
Die Aufgaben können alternativ auch in das jeweilige Heft der Schüler/-innen geklebt und nach gewünschter Art bearbeitet werden.

Zweites Schuljahr:

AB 1: Umkehr- und Tauschaufgaben werden wiederholt. Die Schüler/-innen schneiden die Bildstreifen aus. Sie formulieren Aufgabensätze zu den einzelnen Bildern.
Danach kleben sie die Streifen in ihre Hefte und schreiben die passenden Sätze und die Rechnungen dazu:

- Acht Vögel sitzen auf der Leitung, vier Vögel kommen dazu. **8 + 4 = 12**
- Vier Vögel sitzen auf der Leitung, acht Vögel kommen dazu. **4 + 8 = 12**
- Zwölf Vögel saßen auf der Leitung, acht flogen weg. **12 – 8 = 4**
- Zwölf Vögel saßen auf der Leitung, vier flogen weg. **12 – 4 = 8**

AB 2/3: Die Schüler/-innen sollen versuchen, die Aufgaben mit dem offenen Zahlenstrahl darzustellen. Es gibt verschiedene Darstellungsmöglichkeiten.

Beispiel zu **AB 2** Nr. 1:

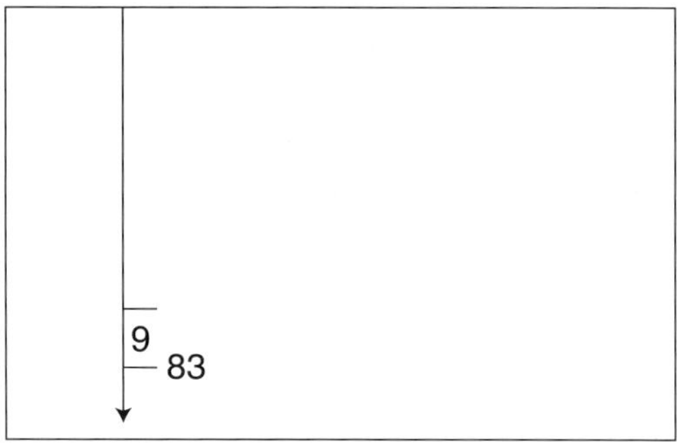

oder **AB 2** Nr. 2:

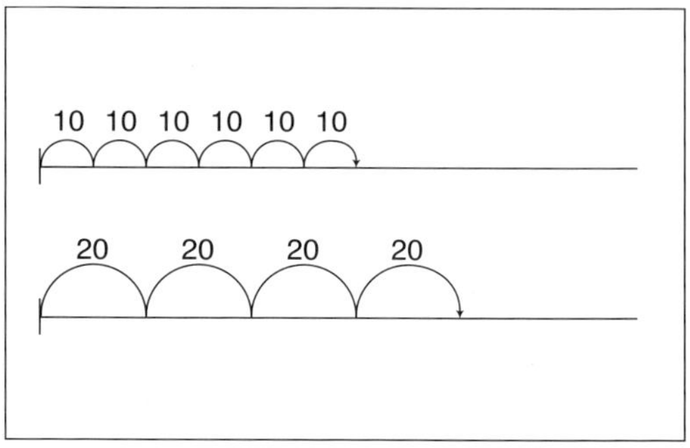

Unterrichtshinweise und Lösungen

Bei der Fragestellung gibt es mehrere Möglichkeiten:
z. B. Nr. 1: Wie viel Meter schwimmt Schuppi tiefer?
Wie viel Meter schwimmt Gräti weniger tief (höher)?
AB 2 Nr. 3 ist eine Kapitänsaufgabe.
AB 3 wie das vorherige AB bearbeiten.

AB 4 – 7: Zum Heft Wintervorräte siehe Anleitung **AB 23 – 27** (Erstes Schuljahr)
Die Arbeit mit den Heften wird an einem Montag begonnen. Die Aufgabe wird gelesen und das Zahlenmaterial markiert. Die Nüsse werden mit unterschiedlichen Farben angemalt. Die Rechnungen und die Antworten werden aufgeschrieben. Am Zahlenstrahl wird die Aufgabe nochmals verdeutlicht.

Beispiel:

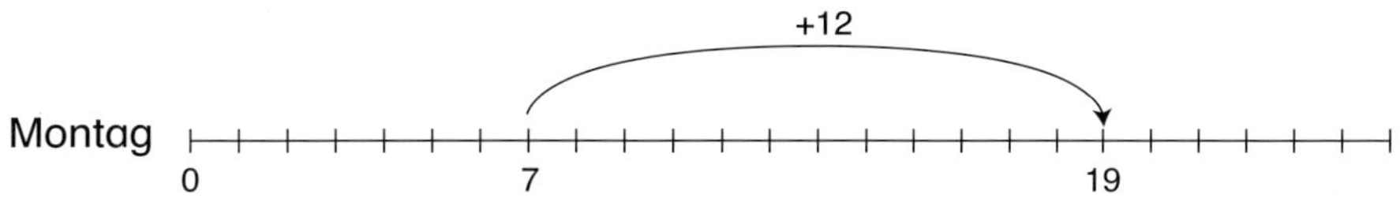

Lösungen: Montag: **7 + 12 = 19**
Dienstag: a) **11 – 5 = 6**
b) **9 + 5 = 14**
Mittwoch: a) **20 + 14 = 34**
b) **34 – 4 = 30**
Donnerstag: **9 + 7 + 3 = 19**
Freitag: **12 + 4 + 3 = 19**
Samstag: **5 + 15 + 18 = 38**
Sonntag: a) **20 + 9 = 29**
b) **29 – 19 = 10** **10 – 6 = 4**

AB 8: ICE wird an die Tafel geschrieben. Die Schüler/-innen stellen Vermutungen an.
Der richtige Begriff wird dazugeschrieben: Inter-City-Express.
Die nachfolgenden Angaben können auch mit Steckwürfeln oder Wendeplättchen durchgeführt werden. Es werden jeweils eine Plus- und eine Minusaufgabe gebildet. Wichtig ist, dass die Schüler/-innen erkennen, dass das Ergebnis von Nr. 1 die Ausgangszahl von Nr. 2 ist.

Lösungen:
1. **93 – 17 = 76**
   76 + 5 = 81
2. **81 + 4 = 85**
   85 – 19 = 66
3. **66 + 7 = 73**
   73 – 13 = 60

AB 9: **Lösungen:**
1. **F** nach **B** = 25 km + 18 km = 43 km
2. **A** nach **E** nach **D** nach **C** = 12 km + 17 km + 9 km = 38 km oder
   A nach **E** nach **F** nach **C** = 12 km + 6 km + 25 km = 43 km
3. **E** nach **A** nach **B** = 12 km + 15 km = 27 km
4. **A** nach **F**
   B nach **C**
   A nach **D**
5. **D** nach **B** = (9 km + 18 km) · 3 = 81 km bzw. 27 km + 27 km + 27 km = 81
6. **B** nach **C** nach **D** nach **E** = 18 km + 9 km + 17 km = 44 km;
   E nach **A** nach **B**: 12 km + 15 km = 27 km

Unterrichtshinweise und Lösungen

AB 10: **Lösungen:** Nr. 1: **7 · 3 = 21**
Nr. 2: **3 · 8 = 24**
Nr. 3: Kapitänsaufgabe

AB 11: Bei Nr. 1 ist es wichtig, dass die Schüler/-innen die Aufgabe in einer Skizze festhalten:

* * * * X * * * * X * * * * X * * * * X * * * * X

25 : 5 = 5

Ebenso empfiehlt es sich, bei Nr. 2 mit der Skizze zu beginnen:

* * * * * * * * *
* * * * * * * * *
* * * * * * * * *
* * * * * * * * *

4 · 9 = 36

AB 12: Dieses Arbeitsblatt bietet sich für die Gruppenarbeit an. Die Ergebnisse der einzelnen Gruppen werden besprochen und auf einer zuvor gezogenen Folie notiert.

Lösungen:

24	**16**	**(36)**	**40**	**(24)**	**50**
3	**(8)**	**4**	**5**	**6**	**(5)**
(8)	**2**	**9**	**(8)**	**4**	**10**

AB 13: Dieses Arbeitsblatt bietet sich als Hausaufgabe an, da es ohne große Hilfe gelöst werden kann.

Lösungen:

Räder	**16**	**8**	**24**	**12**	**32**	**20**	**36**	**28**
Autos	4	2	6	3	8	5	9	7

	Sie bezahlt	Stücke
Montag	14,–	**7**
Dienstag	8,–	**4**
Mittwoch	12,–	**6**
Donnerstag	18,–	**9**
Freitag	6,–	**3**
Samstag	16,–	**8**
Sonntag	20,–	**10**

Autos	**3**	6	**5**	**7**	2	**6**	**4**	9
Räder	12	**24**	20	28	**8**	24	16	**36**

Esel	5	**2**	**7**	9	3	**4**	**6**	8
Ohren	**10**	4	14	**18**	**6**	8	12	**16**

Wochen	4	**9**	3	**8**	**6**	2	5	**7**
Tage	**28**	63	**21**	56	42	**14**	**35**	49

Unterrichtshinweise und Lösungen

AB 14: Bei Aufgabe Nr. 1 sollte von der Zeichnung ausgegangen werden:

Lösungen: I|||||||| I|||||||| I|||||||| I|||||||| I|||||||| I|||||||| I|||||||| I = **7** · **9** = **63**

Nr. 2: **7** · **10** = **70** Min. = **1** Std. **10** Min.

Nr. 3: **70** Min. + **70** Min. = **140** Min. = **2** Std. **20** Min.
Die Umrechnung von Minuten in Stunden wird mit den Schülern und Schülerinnen gemeinsam erarbeitet.

Nr. 4 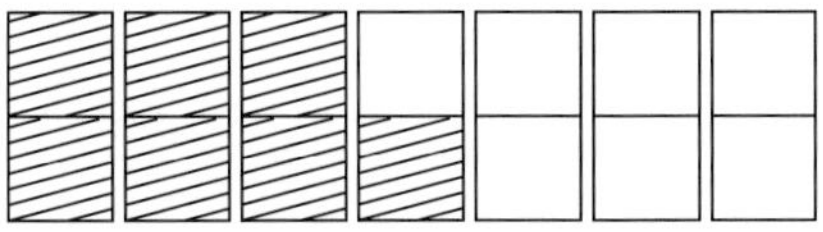 = 3 ganze Dosen und eine halbe Dose.

AB 15: Nr. 1: Bevor die Schüler/-innen die Fliesen mit Farben anmalen, sollten sie zunächst mit dem Bleistift vormalen. Unter Umständen ergeben sich Schwierigkeiten bei der Verdoppelung.

5 · **8** = **40** **40** · **2** = **80**
oder **40** + **40** = **80**

Nr. 2 Kapitänsaufgabe

Nr. 3 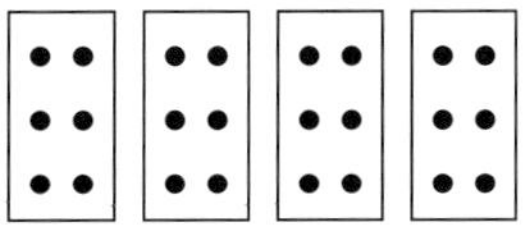 **24 : 6 = 4**

AB 16: Es kann vorbereitend nachstehende Aufgabe an der Tafel geübt werden:

Beispiel: **25 : 4 = 6 R 1**

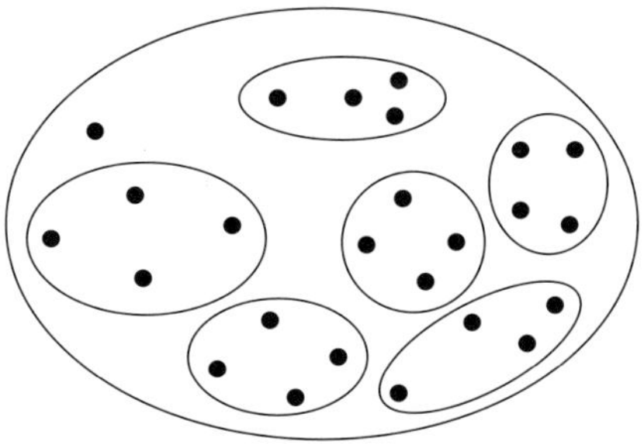

Das Arbeitsblatt kann auch in Streifen geschnitten und an einzelne Gruppen verteilt werden. Die Gruppenergebnisse werden an der Tafel festgehalten, nachdem die Aufgabe von einem Schüler vorgelesen wurde.

AB 17/18: Bei diesen Aufgaben muss von der Mutter ausgegangen werden. Das Alter von Opa Wunderlich (**72**) und dem Vater von Elke Wunderlich (**67**) kann errechnet werden. Danach wird das Alter von Peter Wunderlich (**4**) errechnet. Nun können das Alter von Vater Franz (**42**) und Bello (**2**) errechnet werden. Anschließend das Alter von Meike (**7**), Oma (**63**) und zum Schluss das der Mutter von Elke Wunderlich (**67**).

Die verwandtschaftlichen Beziehungen können auf **AB 18** eingetragen werden (im Sachunterricht Thema: Familie).

Unterrichtshinweise und Lösungen

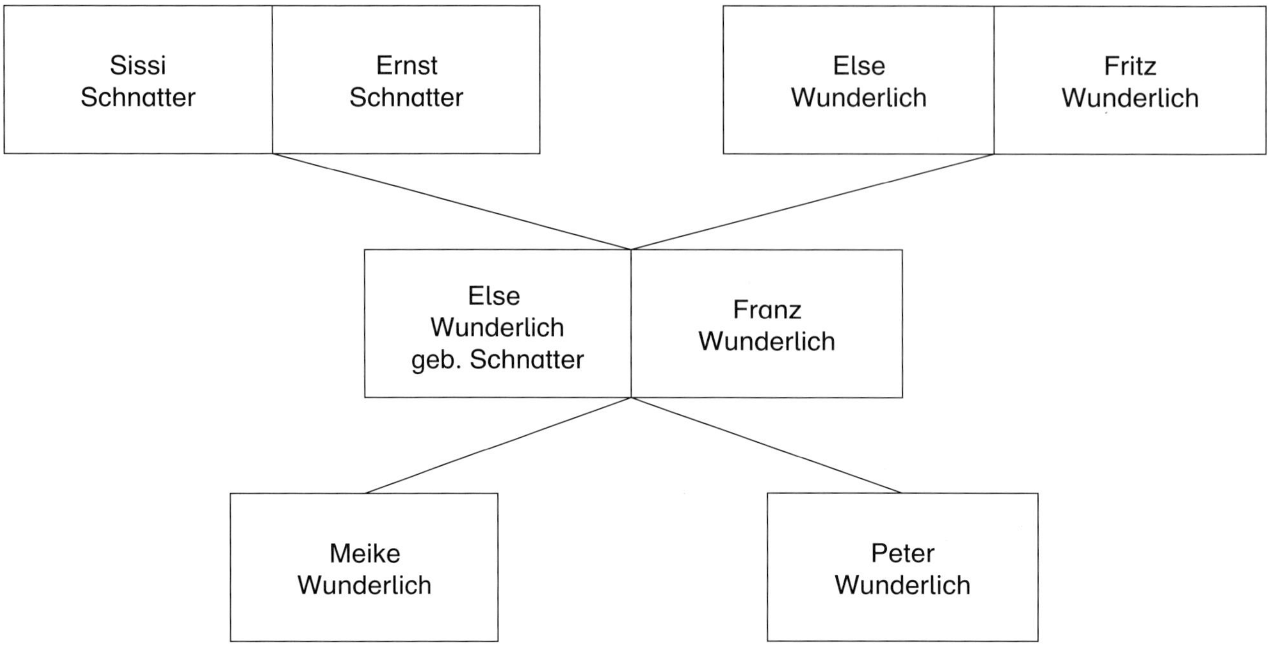

AB 19: Bei diesem Arbeitsblatt soll den Schülern und Schülerinnen bewusst werden, dass das Ergebnis der 1. Rechnung die Ausgangsbasis der 2. Rechnung ist.

Lösungen:

1. **4 · 7 = 28** — **28 + 5 = 33**
2. **7 · 2 = 14** — **14 + 14 + 14 = 42**
3. **24 + 24 + 24 = 72** — **72 + 16 = 88**
4. Kapitänsaufgabe
5. **3 · 7 = 21** — **21 + 21 = 42**
6. **4 · 2 = 8** — **8 · 8 = 64**
7. **3 · 2 = 6** — **4 · 6 = 24**

AB 20: Hier sollen die Schüler/-innen Rechenoperationen erkennen und zuordnen.

AB 21/22: Lösungen:

1. **2 · 3 + 6 = 12**
2. a) **3 · 12 + 3 · 6 = 54**
   b) Kapitänsaufgabe
3. **2 · 4 + 5 · 2 = 18**
4. a) **54 : 6 = 9**
   b) **54 + 12 = 66**
5. **1; 3; 8;** **20 – 12 = 8**
6. Kapitänsaufgabe

Raum für Notizen: